INTRODUÇÃO AO ESTUDO DE VIBRAÇÕES MECÂNICAS

Blucher

Newton Landi Grillo

INTRODUÇÃO AO ESTUDO DE VIBRAÇÕES MECÂNICAS

Introdução ao estudo de vibrações mecânicas

Publisher Edgard Blücher
Editor Eduardo Blücher
Coordenação editorial Jonatas Eliakim
Produção editorial Lidiane Pedroso Gonçalves
Preparação de texto Maurício Katayama
Diagramação Taís do Lago
Revisão de texto Ana Lúcia dos Santos
Capa Leandro Cunha
Imagem da capa iStockphoto

Blucher

Rua Pedroso Alvarenga, 1245, 4° andar
04531-934 – São Paulo – SP – Brasil
Tel.: 55 11 3078-5366
contato@blucher.com.br
www.blucher.com.br

Segundo Novo Acordo Ortográfico, conforme 6. ed. do *Vocabulário Ortográfico da Língua Portuguesa*, Academia Brasileira de Letras, março de 2009.

Dados Internacionais de Catalogação na Publicação (CIP)
Angélica Ilacqua CRB-8/7057

Grillo, Newton Landi
Introdução ao estudo de vibrações mecânicas / Newton Landi Grillo. -- São Paulo : Blucher, 2022.
206 p.

Bibliografia
ISBN 978-65-5506-145-1 (impresso)
ISBN 978-65-5506-144-4 (eletrônico)

1. Engenharia mecânica 2. Vibração 3. Sistemas oscilatórios 4. Energias cinéticas I. Título

21-3664 CDD 620.11248

Índices para catálogo sistemático:
1. Engenharia mecânica – Vibração – Modelos matemáticos

PREFÁCIO

O objetivo deste livro é oferecer ao estudante de engenharia a compreensão básica do assunto vibrações mecânicas. Essa disciplina analisa e equaciona o comportamento dinâmico de sistemas trabalhados na engenharia, em que os fenômenos físicos vibratórios são descritos pelos equacionamentos matemáticos necessários para representá-los.

Buscou-se apresentar demonstrações pormenorizadas das equações que compõem o assunto em todos os capítulos aqui tratados. O livro é composto de onze capítulos que abrangem seus principais fundamentos. O Capítulo 1 aborda a introdução e o movimento harmônico simples, pois esse conteúdo é o princípio para o entendimento de sistemas oscilatórios. O Capítulo 2 introduz os conceitos de energia, particularmente Lagrange, para a descrição de sistemas oscilatórios em vibrações livres. No Capítulo 3, introduz-se o conceito de amortecimento, fato decorrente da dissipação de energia.

Os Capítulos 4 e 5 abordam as influências da aplicação de forças periódicas, seja para o caso não amortecido (Capítulo 4), seja para sistemas amortecidos (Capítulo 5). O Capítulo 6 trata da aplicação de forças não periódicas e as respostas dos sistemas. Toda a formulação de respostas discutidas nos Capítulos 1 a 6 são formuladas no Capítulo 7 pelo equacionamento por Laplace, encerrando o conteúdo de sistemas com um grau de liberdade.

O Capítulo 8 aborda sistemas com dois graus de liberdade em vibrações livres sem amortecimento, análise modal, vibrações livres amortecidas, e com a aplicação de forças periódicas. O Capítulo 9 expande o conteúdo de vibrações livres para sistemas com 3 ou mais graus de liberdade, introduzindo o conceito de coeficientes de influência de flexibilidade.

O Capítulo 10 trata de sistemas contínuos para a determinação de frequências naturais por meio da solução exata, e, por fim, o Capítulo 11 introduz o conceito de análise dinâmica pelo método de elementos finitos para a determinação de frequências naturais.

CONTEÚDO

CAPÍTULO 1
INTRODUÇÃO E CONCEITOS BÁSICOS DE SISTEMAS OSCILATÓRIOS

1.1 INTRODUÇÃO

Quando um sistema, isto é, um corpo, um elemento de máquina ou uma máquina, está vibrando, significa que ele apresenta deformações e que sua condição é dinâmica, e tal condição induz ao problema de tensões variáveis; estas, por sua vez, causam o problema de fadiga de materiais. Por essa razão, o estudo da vibração deve levar em consideração alguns conceitos básicos da engenharia. Um deles nos remete à resistência dos materiais, mais precisamente ao estudo de deformações e às equações dele decorrentes.

Além do problema de fadiga, se um sistema vibra ou oscila com amplitudes altas ou perigosas, há o problema de o material sair de sua fase elástica e passar para a fase plástica, deformando-se permanentemente ou atingindo a ruptura. Paralelamente às questões envolvendo condições impostas aos materiais, a vibração pode induzir movimentos indesejáveis em peças ou em máquinas, afetando o rendimento, a precisão de funcionamento ou a realização de tarefas, assim como causar desconforto aos seres humanos.

O estudo do movimento vibratório é baseado nas leis da dinâmica e pressupõe, para se escreverem as equações que regem o movimento de sistemas, a modelagem, que consiste na representação massa-mola-amortecedor. A massa do sistema é representada em um bloco; a mola contém as características de rigidez; e o amortecedor, a dissipação de energia.

A rigidez representa o inverso da flexibilidade, e esses conceitos estão descritos na mecânica e resistência dos materiais, dizendo respeito às dimensões de uma peça ou sistema, às características do material definidas pela sua densidade e ao módulo de elasticidade (Young).

O amortecedor caracteriza a dissipação de energia devido à resistência ao movimento, e a modelagem massa-mola-amortecedor é a maneira simples de se representar, por meio do diagrama de corpo livre, as forças decorrentes do movimento, utilizando-se das equações de Newton.

O estudo das vibrações pressupõe analisar sistemas oscilantes, passando pela posição de equilíbrio estático, estando ele sob a ação ou não de forças externas aplicadas. Dessa forma, o corpo ou sistema adquire velocidade e aceleração, transformando as energias cinética e potencial inerentes. Um sistema pode estar representando uma máquina, seus elementos componentes, um elemento estrutural etc.

Para iniciar a compreensão do assunto, o melhor recurso é o entendimento do movimento harmônico simples, visto em disciplinas de física, e, na aplicação do assunto, é necessário trabalhar sistemas com um ou vários graus de liberdade e interpretar as forças e os comportamentos decorrentes.

A interpretação do comportamento de sistemas oscilatórios dá-se por meio das equações de Newton, basicamente pela aplicação da segunda lei, como também das equações de Lagrange, de álgebra linear, e, para as características físicas dimensionais, é necessário o cálculo diferencial e integral.

Percebe-se, portanto, que vibrações mecânicas são um assunto que abrange os conceitos básicos de engenharia. É uma disciplina de fundamental importância na formação do engenheiro.

1.2 MOVIMENTO HARMÔNICO SIMPLES

DEFINIÇÕES

Um movimento que se repete em um intervalo de tempo é denominado *movimento oscilatório* ou *vibratório*. Nele, o sistema armazena energia potencial por meio de sua elasticidade, como em uma mola deformada, por exemplo; ou por meio de sua massa disposta a uma certa altura de sua posição de equilíbrio, como um pêndulo: ao ser solto, e considerando-se que a energia do sistema se conserva, a energia potencial máxima se transformará em energia cinética devido ao movimento da massa ou da inércia, adquirindo velocidade e aceleração.

Ao passar pela posição de equilíbrio, a energia cinética, então máxima, será transformada em energia potencial devido à condição dinâmica do sistema, e o fenômeno se repetirá. Portanto, a vibração envolve a transferência da energia potencial para a energia cinética, e vice-versa. Sendo amortecida, a energia do sistema é não conservativa, e uma quantidade de energia é dissipada em cada ciclo de oscilação, tendendo ao equilíbrio estático. Para que a vibração permaneça, é necessária a ação de uma fonte externa.

Portanto, um sistema vibratório inclui um meio para armazenar energia potencial pela mola ou elasticidade, pela altura; um meio para armazenar energia cinética (massa ou inércia); e um meio de dissipação de energia (amortecedor).

Os movimentos vibratórios resultantes da ação de uma fonte de excitação podem ser classificados como determinísticos e não determinísticos. Os movimentos determinísticos podem ser descritos por uma relação matemática explícita, sendo conhecidas as fontes de excitação como força ou deslocamento enquanto fontes geradoras de excitação do sistema vibratório. Dentro dos movimentos determinísticos, temos o movimento periódico não harmônico e o movimento harmônico.

Figura 1.1 – Movimento não determinístico.

Os movimentos não determinísticos ou aleatórios são caracterizados pela falta de um padrão temporal de repetição, por exemplo a vibração das asas de um avião.

O movimento periódico é um movimento que se repete após a ocorrência de um intervalo de tempo, podendo, porém, não ser harmônico, pois, para este, a função temporal é uma senoide ou uma cossenoide.

Figura 1.2 – Movimento periódico não harmônico.

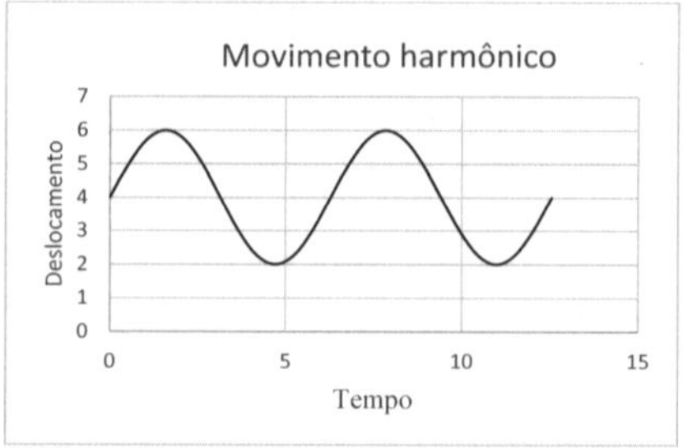

Figura 1.3 – Movimento periódico harmônico.

O ciclo de um movimento oscilatório ocorre quando o movimento parte de uma posição, como o repouso, percorre todas as posições ou fases e retorna à posição equivalente de partida, sucedendo-se outros ciclos.

A amplitude (X) corresponde ao deslocamento máximo, tomado em relação à posição de equilíbrio.

A frequência de oscilação (f) corresponde ao número de ciclos decorridos por unidade de tempo, de unidade ciclos por segundo (cps) ou Hertz (Hz). A frequência circular (ω) é dada por $\omega = 2\pi f$ [rad/s].

O período de oscilação (T) é o tempo necessário para se descrever um ciclo. O período é o inverso da frequência: $T = \frac{1}{f} = \frac{2\pi}{\omega}$ [s].

Na frequência natural (fn), quando um corpo é deformado e solto, ele vibra, oscila sem a necessidade de uma fonte externa de excitação. Essa frequência com que ele oscila naturalmente é chamada de frequência natural, constituindo-se em um fenômeno a ele intrínseco, próprio do corpo, devido às características de seu material, sua forma, dimensão etc.

Na ressonância, quando um corpo é excitado por uma fonte cuja frequência de ação coincide com sua frequência natural, ele se desestabiliza e passa a ter grandes amplitudes, que podem ser limitadas pelo amortecimento.

No ângulo de fase (φ), quando dois movimentos harmônicos possuem a mesma frequência, são denominados síncronos, porém, ambos não precisam apresentar mesma amplitude, ou seja, não atingem as máximas extremidades ou cristas da onda senoidal ou cossenoidal ao mesmo tempo; eles estão defasados de um ângulo de fase φ. O ângulo de fase representa, por isso, sua posição em um determinado tempo em relação à sua posição inicial.

1.3 MOVIMENTO CIRCULAR UNIFORME (MCU)

Considere um ponto S partindo de A e movendo-se em sentido anti-horário (sah), percorrendo uma trajetória circular com velocidade constante (MCU), e, acima dele, uma fonte de luz que o acompanha, projetando sua sombra P em um eixo X, onde se localiza A.

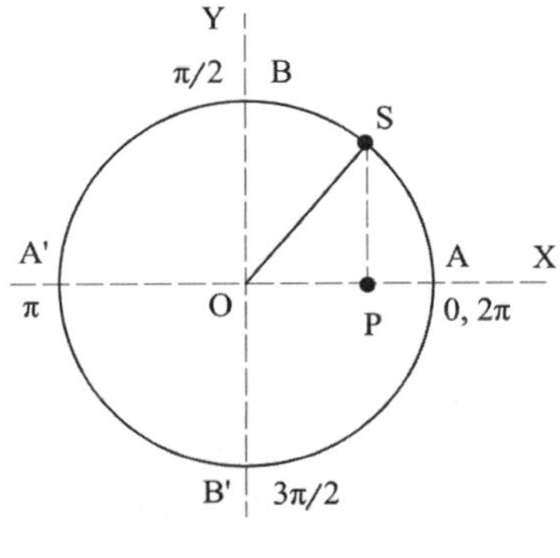

Figura 1.4 – Ponto S em movimento circular uniforme.

Na medida em que o ponto S parte de A percorrendo o semicírculo e atinge A', a sombra projetada P percorre o diâmetro do círculo, retornando à posição inicial A quando o ponto S percorrer o outro semicírculo. Dizemos que o ponto P descreveu um movimento harmônico simples, cujo período é o tempo para percorrer o ciclo A-A'-A; a frequência com que percorre o ciclo é f; e o raio OS varia sua posição angular com uma frequência circular ω.

Na Figura 1.5, a posição do ponto S em relação à sua posição inicial A define o chamado ângulo de fase, o qual corresponde a $\varphi = \omega t$, ou seja, o ângulo de fase corresponde ao produto entre a frequência circular e o tempo necessário para que o ponto S percorra a distância de sua posição inicial A até a posição onde se encontra.

Considera-se agora o ponto S iniciando seu movimento circular no sentido anti-horário (sah) a partir de A, e definem-se as posições de nosso interesse entre So, de onde se iniciam nossas análises, sendo t = 0, e a posição S no tempo decorrido t.

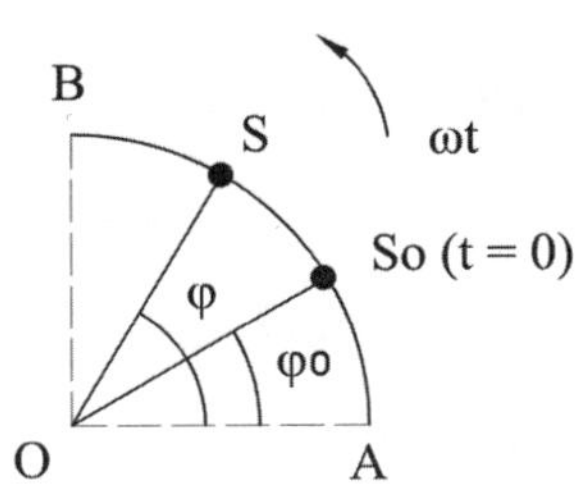

Figura 1.5 – Ponto S em movimento circular uniforme.

Definimos dois deslocamentos angulares do raio OS em relação à origem OA: φ e φo.

O deslocamento angular φo é chamado ângulo de fase inicial do MHS, e o deslocamento angular φ é chamado ângulo de fase no instante t. A equação horária de um ponto móvel é dada por

$$S = So + Vot,$$

onde:

So = posição inicial;

V = velocidade do deslocamento; e

t = tempo.

Das relações trigonométricas, podemos escrever:

$$\varphi OS = \varphi oOS + \omega OSt,$$

eliminando o termo comum OS:

$$\varphi = \varphi o + \omega t$$

Nas mesmas condições dadas, o ponto S desloca-se com velocidade constante, projetando sua sombra P no eixo X. Representando na Figura 1.6, teremos:

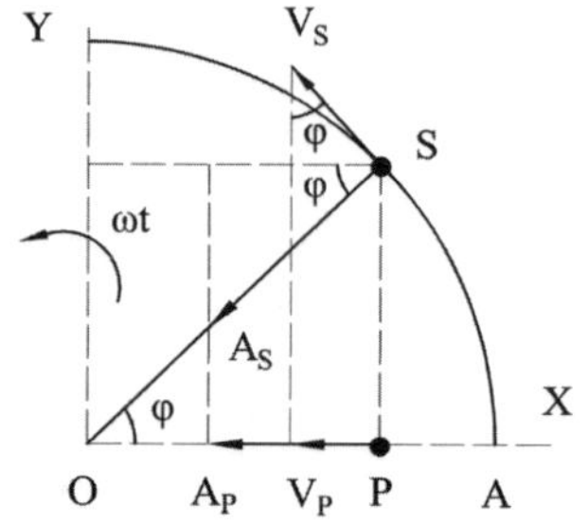

Figura 1.6 – Posição, velocidade e aceleração de S.

A posição de P em relação à origem O,

$$PO = OScos\varphi = OScos(\omega t + \varphi o).$$

A velocidade de P em relação à origem O,

$$V_P = -V_S sen\varphi = -\omega OSsen\varphi = -\omega OSsen(\omega t + \varphi o).$$

A aceleração de P em relação à origem O,

$$A_P = -Ascos\varphi = -\omega^2 OScos\varphi = -\omega^2 OScos(\omega t + \varphi o).$$

Da trigonometria,

$$-sen\varphi = cos(\varphi + \pi/2) = cos(\omega t + \varphi o + \pi/2)$$

$$-\cos\varphi = \cos(\varphi + \pi) = \cos(\omega t + \varphi o + \pi).$$

As expressões de posição, velocidade e aceleração também podem ser escritas como

$$PO = OS \cos(\omega t + \varphi o)$$

$$V_P = V_{PO} = \omega OS \cos(\omega t + \varphi o + \pi/2)$$

$$A_P = A_{PO} = \omega^2 OS \cos(\omega t + \varphi o + \pi)$$

1.4 VIBRAÇÕES LIVRES – SISTEMAS COM UM GRAU DE LIBERDADE

Vamos considerar um oscilador harmônico, um sistema não amortecido em vibração livre, composto de uma mola fixa em uma extremidade, e de um bloco de massa m preso na outra, podendo oscilar sem atrito, e, em um dado instante, t_2, encontra-se deslocada uma medida de grandeza x de sua posição de equilíbrio (PE), instante t_1.

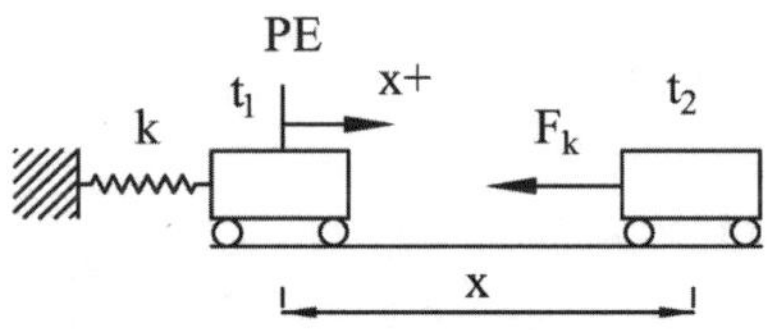

Figura 1.7 – Sistema massa-mola em oscilação.

Uma vez que o sistema está na condição dinâmica, a equação que o rege é a segunda lei de Newton, F = ma, e a força de reação ao movimento é a que surge na mola, sendo dada por Fk = -kx, onde k é chamado constante de rigidez, e a força tem sentido oposto ao deslocamento. Escrevemos:

$$-kx = m\ddot{x}$$

A equação diferencial do movimento fica:

$$m\ddot{x} + kx = 0 \qquad (1.0)$$

Temos: deslocamento = x, velocidade = $\frac{dx}{dt} = \dot{x}$, aceleração = $\frac{d\dot{x}}{dt} = \ddot{x}$.

Dividindo-se a equação diferencial (1.0) por m,

$$\ddot{x} + \frac{k}{m}x = 0 \qquad (1.1)$$

Vimos que o movimento harmônico é descrito por uma função senoidal ou cossenoidal. Vamos escrever a equação do movimento em função da amplitude (X), da frequência natural de oscilação no tempo (ωnt), tomando a forma de onda cossenoidal.

$x(t) = X\cos(\omega nt)$, equação de posição;

$\frac{dx(t)}{dt} = \dot{x}(t) = -\omega nX\text{sen}(\omega nt)$, equação de velocidade;

$\frac{d\dot{x}(t)}{dt} = \ddot{x}(t) = -\omega n^2X\cos(\omega nt)$, equação de aceleração.

Substituindo-se as equações de posição e aceleração em (1.1),

$$-\omega n^2X\cos(\omega nt) + \frac{k}{m}X\cos(\omega nt) = 0.$$

Cancelando-se os termos comuns,

$$-\omega n^2 + \frac{k}{m} = 0$$

Portanto, $\omega n^2 = \frac{k}{m}$, $\omega n = \sqrt{\frac{k}{m}}$ rad/s, m = massa, kg.

Transformação de unidades:

$a = \omega^2.r$ [(rad²/s²).m], k = [N/m], N = força = (massa x aceleração), [kg(rad²/s²).m], m = metro.

$k = \frac{N}{m} = \frac{kg\frac{rad^2}{s^2}m}{m}$, cancelando-se m e expressando-se a raiz: $\omega n = \sqrt{\frac{kg\frac{rad^2}{s^2}}{kg}}$,

cancelando-se kg,

ωn [rad/s].

A Equação (1.1) fica escrita:

$$\ddot{x} + \omega n^2x = 0 \qquad (1.2)$$

Vamos considerar agora o bloco deslocado em sua máxima posição (X) em relação à posição de equilíbrio (PE) e solto; sua forma de onda, portanto, será cossenoidal. No instante em que o bloco for solto é que o tempo começa a ser medido, e as condições iniciais de análise são deslocamento e velocidade, para o tempo inicial igual a zero, x(t) e $\dot{x}(t)$ para t = 0, e tomando-se o ângulo de fase inicial também igual a zero ($\varphi_0 = 0$).

As soluções em cosseno ou seno que representam o movimento permanente do sistema são chamadas soluções particulares. Escrevendo-se a equação de posição máxima:

$$x(t) = X\cos(\omega n t),\ \text{para } t = 0,\ x(t) = X \text{ (máximo deslocamento = amplitude)}$$

No momento em que o bloco é solto, sua velocidade é zero, energia cinética zero.

$$v(t) = \dot{x}(t) = -\omega n X \operatorname{sen}(\omega n t),\ \text{para } t = 0,\ v(t) = \text{zero}.$$

Nesta condição inicial, a energia potencial da mola é máxima, e o bloco parte com máxima aceleração.

$$a(t) = \ddot{x}(t) = -\omega n^2 X\cos(\omega n t),\ \text{para } t = 0,\ a(t) = -\omega n^2 X.$$

O sinal é negativo, pois a aceleração tem sentido oposto ao deslocamento, defasada de π radianos.

Quando o bloco passa pela posição de equilíbrio, há uma defasagem de $\frac{\pi}{2}$ rad (90^0) em relação à posição inicial. Podemos analisar seu movimento a partir da posição de equilíbrio, tomada, agora, como a condição inicial, e a forma de onda será senoidal.

$x(t) = X\operatorname{sen}(\omega n t)$, para $t = 0$, $x(t) = 0$, pois o bloco está na posição de equilíbrio. Nela, sua velocidade será máxima, energia cinética máxima.

$$v(t) = \dot{x}(t) = \omega n X\cos(\omega n t),\ \text{para } t = 0,\ v(t) = X\omega n.$$

Na posição de equilíbrio, a aceleração será zero:

$$a(t) = \ddot{x}(t) = -\omega n^2 X\operatorname{sen}(\omega n t),\ \text{para } t = 0,\ a(t) = 0.$$

Na primeira condição inicial, o movimento inicia-se com deslocamento e aceleração máximos e velocidade zero, e, passando pela PE, na segunda condição inicial, a posição e a aceleração serão zero, com velocidade máxima.

Queremos escrever a equação geral do movimento harmônico.

A solução $x(t) = X\cos(\omega n t + \varphi_o)$ pode ser escrita como:

$$x(t) = X[\cos(\varphi_o)\cos(\omega n t) - \operatorname{sen}(\omega n t)\operatorname{sen}(\varphi_o)]$$

$$x(t) = X\cos(\varphi_o)\cos(\omega n t) - X\operatorname{sen}(\varphi_o)\operatorname{sen}(\omega n t)$$

Chamando de $B = X\cos(\varphi_o)$ e $A = -X\operatorname{sen}(\varphi_o)$, escrevemos:

$$x(t) = A\operatorname{sen}(\omega n t) + B\cos(\omega n t)$$

A e B são grandezas arbitrárias, sendo B relacionada à posição e à aceleração, e o termo A, com a velocidade somente. Não são grandezas fixas; variam de zero até a grandeza da amplitude. Considere a Figura 1.8.

Na primeira condição inicial do movimento, ou seja, deslocamento máximo, linha vertical, $\varphi o = 0$ e $t = 0$, $B = X$ e $A =$ zero.

Na segunda condição inicial do movimento, ou seja, passando pela posição de equilíbrio, linha horizontal, $\varphi o = \pi/2$ e $t = 0$, $B =$ zero e $A = X$.

Podemos escrever a Figura 1.8 como

$$X^2 = A^2 + B^2, \quad \varphi = tg^{-1}\frac{A}{B}$$

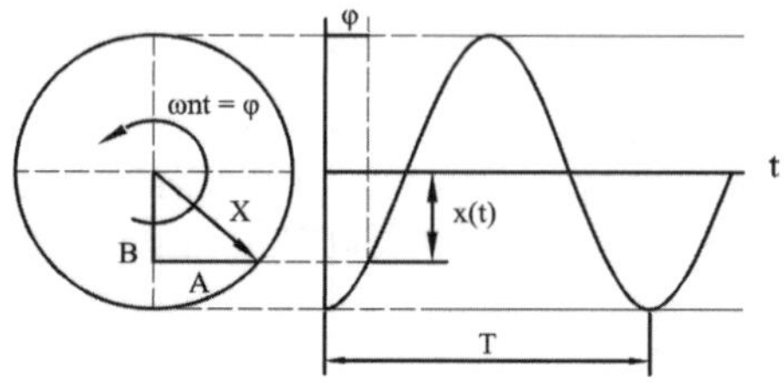

Figura 1.8 – Interpretação geométrica das grandezas A e B.

Exemplo 1.1

Um sistema massa-mola oscila em MHS com frequência de 0,5 ciclo por segundo. O bloco é deslocado 40 mm à direita de sua posição de equilíbrio, tomado como positivo, e solto. Determinar o período de oscilação, velocidade e aceleração máximas, o tempo para o bloco atingir a distância de 60 mm a partir do deslocamento máximo, a velocidade e a aceleração nesse instante. Desconsidera-se o atrito.

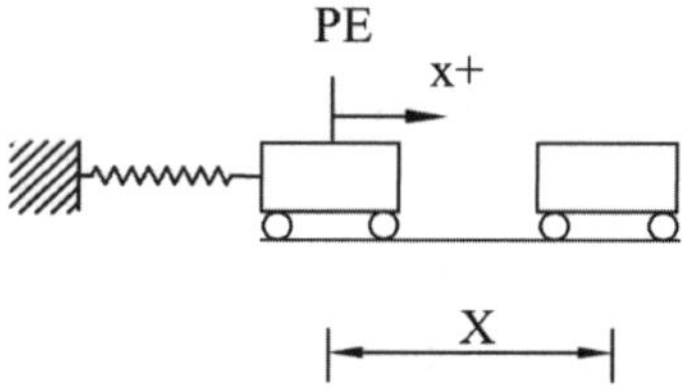

Figura 1.9 – Sistema massa-mola oscilando.

$$\omega = 2\pi f = 2\pi.0{,}5 = 3{,}1416 \text{ rad/s; período: } T = \frac{2\pi}{3{,}1416} = 2{,}0 \text{ s.}$$

$$x(t) = X\cos(\omega nt + \varphi_o),$$

para $t = 0$, $\varphi_o = 0$, pois fazendo $\varphi_o = \pi$, a amplitude será negativa.

$x(t) = X = 40$ mm $= 0{,}04$ m. Amplitude do movimento, seu deslocamento inicial.

$v(t) = -\omega X\text{sen}(\omega nt + \varphi_o)$, $v(t) = 0$, sua velocidade inicial,

$a(t) = -\omega^2 X\cos(\omega nt + \varphi_o) = -3{,}1416^2.40 = -394{,}8$ [mm/s²] $= -0{,}3948$ [m/s²], aceleração inicial máxima.

À esquerda da PE, sua posição será negativa, e tomando $\varphi o = 0$.

Deslocar 60 mm para a esquerda significa -20 mm a partir da PE, ou interpretar que se deslocou 40 mm para a direita a partir da PE e deslocou -60 mm à esquerda.

$$-20 = 40\cos(\omega nt),\ -0{,}5 = \cos(\omega nt),\ \cos^{-1}(-0{,}5) = \omega nt,\ 120^0 = 2{,}094 \text{ rad} = \omega nt$$

t = 2,094/3,1416 = 0,666 s para atingir 20 mm após a PE a partir do deslocamento máximo.

A velocidade nesse instante, sendo $\varphi o = 0$:

$$v(t) = -\omega nX\text{sen}(\omega nt) = -108{,}8\ [\text{mm/s}] = -0{,}1088\ [\text{m/s}],$$

A aceleração nesse instante, sendo $\varphi o = 0$:

$$a(t) = -\omega n^2X\cos(\omega nt) = -197{,}4\ [\text{mm/s}^2] = -0{,}1974\ [\text{m/s}^2]$$

Fazendo a análise a partir da posição de equilíbrio, o ângulo de fase inicial (φo) será $\frac{\pi}{2}$, e o tempo corresponde a 0,166 segundo (0,666 – 0,5), sendo 0,5 = 1/4 do período.

$$v(t) = -\omega nX\text{sen}(\omega nt + \varphi_o) = -\ 3{,}1416.40\text{sen}(2{,}094) = -108{,}8\ [\text{mm/s}] = -0{,}1088\ [\text{m/s}]$$

$$a(t) = -\omega n^2X\cos(\omega nt + \varphi_o) = -3{,}1416^2.40\cos(2{,}094) = -197{,}4\ [\text{mm/s}^2] = -0{,}197\ [\text{m/s}^2]$$

Considerando-se a solução geral $x(t) = A\text{sen}(\omega nt) + B\cos(\omega nt)$:

a grandeza B está relacionada à posição do bloco em relação a PE. B = 20 mm;

a grandeza A está relacionada à velocidade. $A = \frac{v}{\omega n} = \frac{108{,}8}{3{,}1416} = 34{,}63$ mm;

amplitude $X = \sqrt{34{,}63^2 + 20^2} = 40$ mm, 0,04 m.

$$x(t) = 34{,}63\text{sen}(120^0) + 20\cos(120^0) = 20\ [\text{mm}] = 0{,}02 \text{ m}$$

$$v(t) = \omega nA\cos(120^0) - \omega nB\text{sen}(120^0) = -108{,}8\ [\text{mm/s}] = -0{,}1088 \text{ m/s}$$

$$a(t) = -\omega n^2A\text{sen}(120^0) - \omega n^2B\cos(120^0) = -197{,}4\ [\text{mm/s}] = -0{,}1974 \text{ m/s}^2$$

Podemos descrever o sistema oscilatório massa-mola na notação complexa.

A função $x(t) = X\cos(\omega t)$ representa a resposta a uma vibração harmônica, e a fórmula de Euler relaciona a função exponencial às funções cosseno e seno no plano complexo.

$$e^{\pm i\omega t} = \cos(\omega t) \pm i\text{sen}(\omega t)$$

Os sinais positivo e negativo indicam os sentidos anti-horário e horário da frequência circular ω do vetor unitário representado na função exponencial $e^{i\omega}$.

A equação diferencial do sistema massa-mola é da forma $m\ddot{x} + kx = 0$, tomando a solução como $x(t) = e^{st}$, sendo que s contém as raízes da equação. Derivando duas vezes em relação ao tempo, a velocidade e a aceleração ficam

$$v(t) = \dot{x}(t) = se^{st},\ a(t) = \ddot{x}(t) = s^2e^{st},$$

a equação diferencial fica escrita

$$ms^2e^{st} + ke^{st} = 0 \text{ ou } ms^2 + k = 0,$$

e as raízes serão

$$s_{1,2} = \pm\, i\sqrt{\frac{k}{m}} = \pm\, i\omega n \qquad (1.3)$$

São raízes complexas, imaginárias puras. Aplicando-se Euler e escrevendo-se a solução em função trigonométrica,

$x(t) = C_1e^{i\omega nt} + C_2e^{-i\omega nt}$, C_1 e C_2 são constantes arbitrárias;

$x(t) = C_1[\cos(\omega nt) + i\text{sen}(\omega nt)] + C_2[\cos(\omega nt) - i\text{sen}(\omega nt)]$

$x(t) = (C_1 + C_2)\cos(\omega nt) + i(C_1 - C_2)\text{sen}(\omega nt)$,

fazendo $C_1 + C_2 = B$ e $i(C_1 - C_2) = A$, a equação geral,

$$x(t) = A\text{sen}(\omega nt) + B\cos(\omega nt) \qquad (1.4)$$

1.5 COORDENADAS GENERALIZADAS

Coordenadas generalizadas são um conjunto de coordenadas ou parâmetros que descrevem a configuração de um sistema no plano ou no espaço. Para definir o estado do sistema, essas coordenadas são tomadas em relação à posição de equilíbrio e são chamadas coordenadas independentes.

Considere o pêndulo simples como constituído de uma esfera ligada em uma haste inextensível de comprimento L, a qual está fixa em uma extremidade.

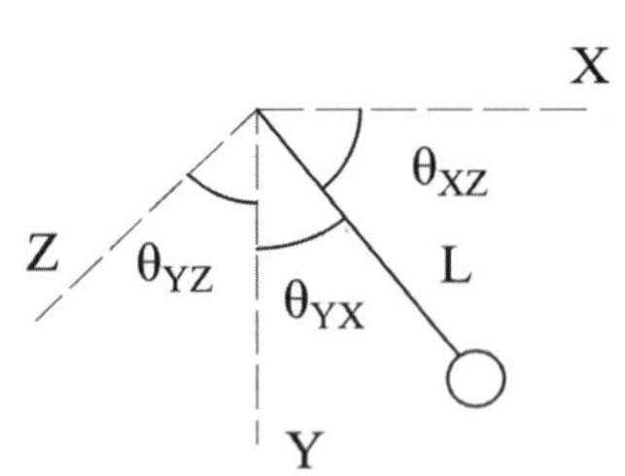

Figura 1.10 – Pêndulo simples no espaço.

Seu movimento pode ser descrito no espaço por meio de três coordenadas generalizadas qx(X), qy(Y) e qz(Z), nas quais x, y e z são as coordenadas cartesianas, e, pelas coordenadas relativas aos ângulos diretores formados pela haste e aos respectivos eixos cartesianos, qyx(θyx), qxz(θxz) e qyz(θyz).

Notemos que, ao considerarmos a haste inextensível, o movimento da esfera fica limitado a trajetórias circulares com o mesmo raio (L); portanto, a rigidez da haste é uma restrição também chamada vínculo, imposta ao movimento do sistema.

Os chamados graus de liberdade (GDL) correspondem ao número mínimo de coordenadas *independentes* necessárias para especificar a posição de uma partícula, de um corpo, de um sistema mecânico, no plano ou no espaço, e podem ser expressos por

$$\text{GDL } (n) = N - c,$$

onde:

N = número de coordenadas;

c = restrições.

Em nosso exemplo, o pêndulo pode descrever movimentos circulares no espaço, e sua posição pode ser expressa pelas seis coordenadas generalizadas qi. Queremos restringir seu movimento ao plano x-y e, para tanto, impomos três restrições relativas às coordenadas,

$$qz(Z),\ qxz(\theta xz) \text{ e } qyz(\theta yz).$$

Dessa forma, o pêndulo oscila no plano x-y, e sua posição pode ser representada pelas três coordenadas generalizadas, qx(X), qy(Y), qyx(θyx). Queremos determinar o número de graus de liberdade desse sistema. Analisam-se as duas coordenadas cartesianas x e y relativas às duas coordenadas generalizadas, qx e qy. Em relação à coordenada de restrição L, podemos escrever:

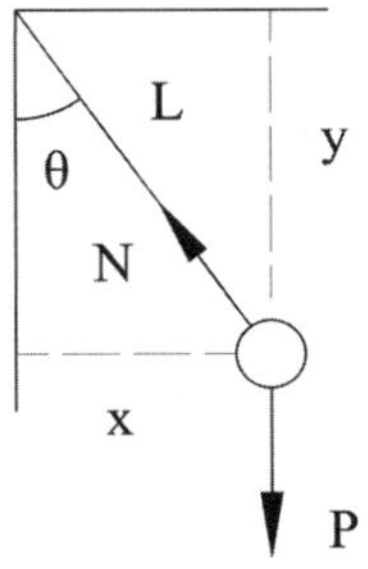

Figura 1.11 – Pêndulo simples no plano.

$$L^2 = x^2 + y^2,$$

onde $x^2 = L^2 - y^2$, ou $y^2 = L^2 - x^2$.

Isso significa que a coordenada x depende de y, e vice-versa, indicando que essas coordenadas não são independentes; dessa forma, serão duas restrições que imporemos ao sistema, e o número de graus de liberdade fica

$$n = 3 - 2 = 1.$$

O pêndulo simples possui um grau de liberdade, sendo que a única coordenada independente será θyx, ou simplesmente θ, a qual é tomada em relação à posição de equilíbrio.

O vínculo L, ou seja, a haste rígida, inextensível, uma restrição, pode ser expresso por uma força de vínculo, a tensão na haste (N), devido à ação da força peso relativa à massa da esfera, a qual restringe o espaço de atuação do sistema físico. Como outro exemplo, o bloco movendo-se em x possui uma força de vínculo, a normal N, restringindo seu movimento em y, como mostra a Figura 1.12.

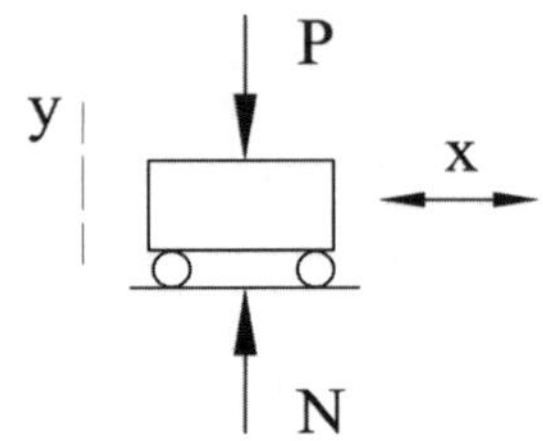

Figura 1.12 – Restrição ao movimento do bloco.

1.6 EQUAÇÕES QUE REGEM O SISTEMA MASSA-MOLA

ANÁLISE ESTÁTICA

Na modelagem, a mola possui somente rigidez, e a massa está concentrada no bloco.

Mola indeformada bloco acoplado diagrama de corpo livre

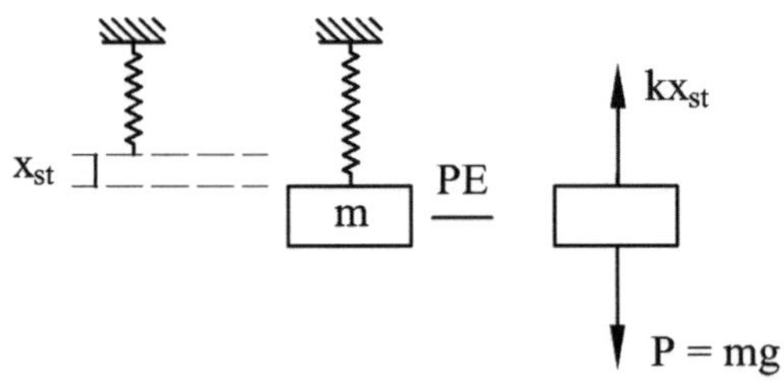

Figura 1.13 – Forças estáticas no sistema massa-mola.

xst = deformação estática, P = peso do bloco, k = rigidez da mola.

Da condição de equilíbrio, $\Sigma F = 0$, $P - kxst = 0$, $P = kxst$, $k = \frac{P}{xst}$.

Na condição de linearidade, reportamo-nos ao limite de proporcionalidade, e, nesse limite, temos, pela Lei de Hooke:

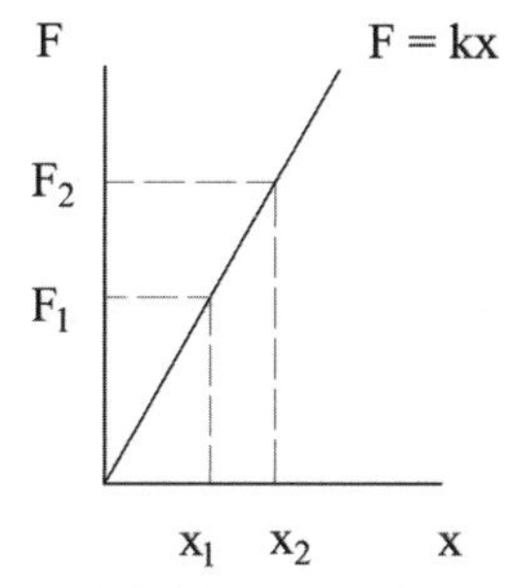

Figura 1.14 – Linearidade entre força e deformação.

F = força ou carga aplicada ao corpo;

x = deformação apresentada pelo corpo devido à aplicação de F;

k = constante de rigidez ou de proporcionalidade, ou de mola.

Exemplo 1.2

Um bloco, ao ser acoplado em uma mola, produz deformação estática de 0,005 m. Sendo a massa do bloco 2,0 kg, queremos determinar a rigidez da mola.

$$k = P/xst = mg/xst = 2.9{,}81/0{,}005 = 3924 \text{ N/m}$$

ANÁLISE DINÂMICA

Na análise dinâmica, reportamos-nos à segunda lei de Newton: $\Sigma F = ma$.

Considere o bloco oscilando, deslocado x da posição de equilíbrio (PE). Da figura (c), temos:

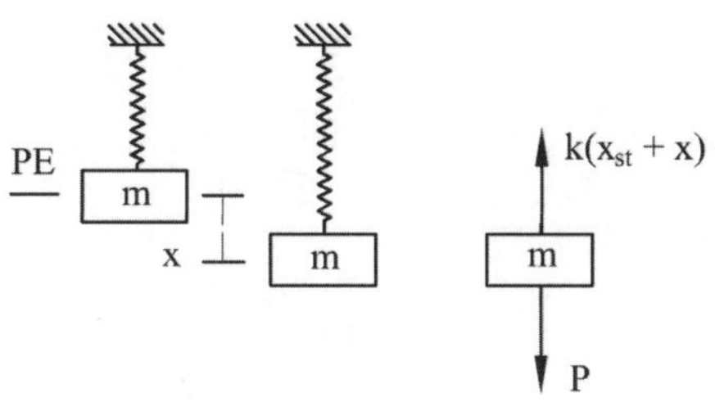

Figura 1.15 – Condição dinâmica do sistema massa-mola.

$\Sigma F = ma$: $P - k(xst + x) = m\ddot{x}$, $P - kxst = 0$; portanto, $m\ddot{x} + kx = 0$.

A frequência também pode ser escrita como:

$$\omega n = \sqrt{\frac{g}{xst}}$$

P = mg, m = P/g, P =kxst, k = P/xst

$\omega n^2 = k/m = \dfrac{\frac{P}{xst}}{\frac{P}{g}}$, cancelando-se P e rearranjando-se, comprova-se.

Exemplo 1.3

Um sistema com massa variável consiste em uma mesa cuja massa é desconhecida, sendo suportada por molas, e, esta, ao ser deslocada e solta, oscila com período de 1,0 s. Quando uma caixa de massa 5 kg é posta sobre a mesa, o sistema passa a oscilar com período de 1,4 s. Determinar a massa da mesa e a rigidez das molas.

$$\omega n_1 = \frac{2\pi}{T_1} = \frac{2\pi}{1} = 6{,}283 \text{ rad/s}$$ – frequência do sistema sem a caixa.

$$\omega n_2 = \frac{2\pi}{T_2} = \frac{2\pi}{1{,}4} = 4{,}488 \text{ rad/s}$$ – frequência do sistema com a caixa.

A rigidez das molas não varia; portanto, é o termo da igualdade nas duas condições.

$$k = \omega n^2 m,\ \omega n_1^{\,2}\, m_{mesa} = \omega n_2^{\,2}\, (m_{mesa} + m_{caixa})$$

$$6{,}283^2.m_{mesa} = 4{,}488^2.(m_{mesa} + 5)$$

$$m_{mesa} = 5{,}2 \text{ kg},\ \ k = 205{,}27 \text{ N/m}$$

Pêndulo simples

Considere o pêndulo oscilando no plano, passando sucessivamente pela posição de equilíbrio (linha vertical). A massa é considerada pequena; a haste, inextensível; e θ, um ângulo pequeno.

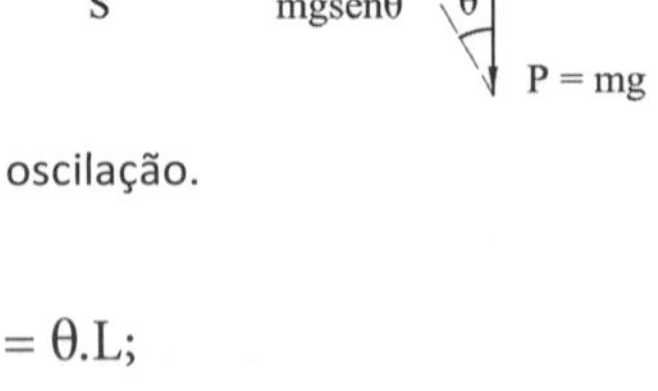

Figura 1.16 – Pêndulo simples em oscilação.

S = trajetória da esfera. S = θ.L;

aceleração tangencial da esfera $\ddot{S} = \ddot{\theta}.L$;

T = tensão na haste, desconsiderado;

P = peso da esfera;

mgsenθ = força restauradora tangente à trajetória; equivale à força de mola (–kx) no sistema massa-mola.

A restauração do pêndulo à posição de equilíbrio dá-se no sentido horário: (–θ)

Ft = –mgsenθ, para pequenos ângulos, sen$\theta \sim \theta$. Ft = –mgθ.

Da segunda lei de Newton, –mgθ = m$\ddot{\theta}$L igualando a zero e dividindo por mL:

$$\ddot{\theta} + \frac{g}{L}\theta = 0$$

A frequência natural de oscilação é dada pela raiz do termo que multiplica o deslocamento θ.

$$\omega n = \sqrt{\frac{g}{L}}$$

Pêndulo de torção

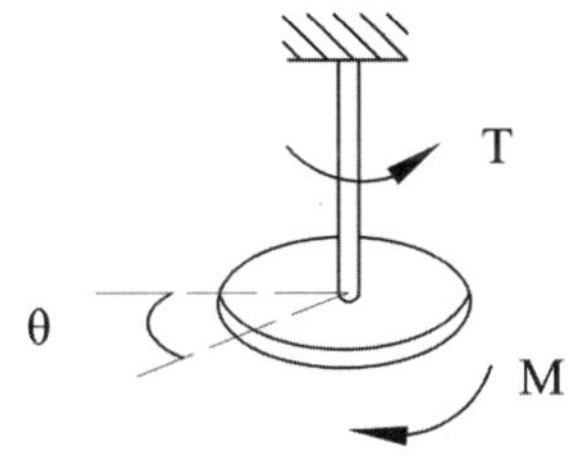

Figura 1.17 – Pêndulo de torção em oscilação.

Devido ao momento torçor (M) aplicado, haverá o torque restaurador (T) atuando no eixo. Da condição de equilíbrio ($\Sigma M = 0$), M = – T ou M + T = 0.

Como veremos no Capítulo 2, T = kθ, lei de Hooke para a torção, sendo θ o ângulo de torção.

M = momento torçor: $M = F^t.r$, $F^t = ma^t$, $a^t = mr\alpha$; portanto, $M = mr^2\alpha$, $\alpha = \ddot{\theta}$.

$I = mr^2$: momento de inércia de massa; portanto, $M = I\ddot{\theta}$.

A equação M + T = 0 fica: $I\ddot{\theta} + k\theta = 0$. dividindo-se por I: $\ddot{\theta} + \frac{k}{I}\theta = 0$.

A frequência natural é dada pela raiz do termo que multiplica o deslocamento angular θ.

$\omega n = \sqrt{\frac{k}{I}}$ para um cilindro maciço, $I = \frac{1}{2} mr^2$.

CAPÍTULO 2
ENERGIAS CINÉTICA, POTENCIAL, DISSIPATIVA E SISTEMAS EQUIVALENTES

J = Joule: unidade de trabalho, energia. Equivale ao trabalho realizado por uma força de 1 N para deslocar seu ponto de aplicação em 1 m.

Energia cinética de um corpo em translação

A velocidade final de um corpo em movimento uniformemente variado (acelerado) é dada por:

$$v_f^2 = v_0^2 + 2a\Delta S;$$

v_f = velocidade final;

v_0 = velocidade inicial;

a = aceleração;

ΔS = deslocamento.

Isolando-se o termo aceleração: $a = \frac{v_f^2 - v_0^2}{2\Delta S}$.

Trabalho = força x deslocamento = variação da energia cinética (ΔT)

$$F.\Delta S = \Delta T$$

$$F.\Delta S = ma.\Delta S = \frac{mv_f^2 - mv_0^2}{2\Delta S}.\Delta S,$$

cancelando-se o termo ΔS e fazendo-se $v_0 = 0$:

$$\Delta T = \frac{1}{2}mv^2 \text{ [J]}$$

Energia cinética de um corpo em rotação

$$\Delta T = \frac{1}{2} I\omega^2 \; [J]$$

2.1 ENERGIA CINÉTICA DE UM CORPO RÍGIDO EM MOVIMENTOS DE TRANSLAÇÃO E ROTAÇÃO

Considere um corpo rígido deslocando-se em movimentos de translação e rotação no plano x-y, rotacionando em torno de um eixo que passa por G e localizando uma partícula de massa $\mathbf{m}_i$ com velocidade $\mathbf{v}_i$, distante $\mathbf{r}_{iG}$ do centro de massa **G** do corpo.

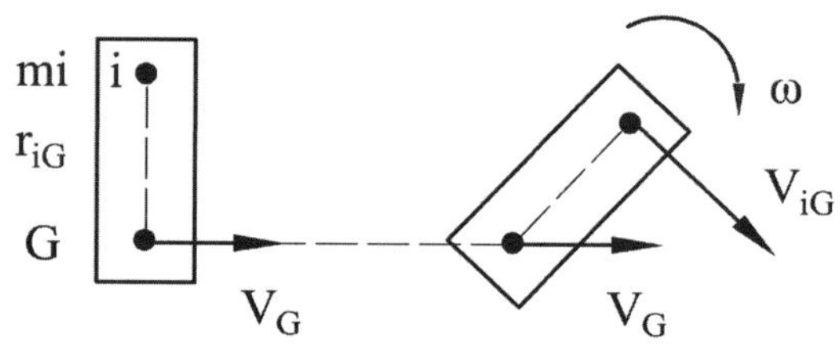

Figura 2.1 – Corpo rígido em translação e rotação.

v_i = velocidade da partícula i;

v_G velocidade de translação do centro de massa;

ω = velocidade angular do corpo rígido.

A expressão de energia cinética da partícula (i) é dada por: $T = ½\, m_i v_i^2$.

A expressão de energia cinética do corpo todo é dada pela soma das energias cinéticas de cada partícula (i) que compõe o corpo. $T = ½ \sum_{i=1}^{n} ,miv_i^2$.

Dado que o corpo descreve movimentos de translação e rotação girando em torno de G, então, a velocidade da partícula pode ser definida pela equação de velocidade relativa, $\mathbf{v}_i = \mathbf{v}_G + \mathbf{v}_{iG}$. Podemos escrever a expressão de energia cinética para o corpo todo como:

$$T = ½ \sum_{i=1}^{n} mi(v_G + v_{iG})^2,$$

ou

$$T = ½ \sum_{i=1}^{n} mi(v_G^2 + 2v_G.v_{iG} + v_{iG}^2).$$

Aplicando a distributiva:

Energia cinética de translação: $T = ½ \sum_{i=1}^{n} miv_G^2$, ou, $T = ½\, mv_G^2$.

Energia cinética de rotação: $T = \frac{1}{2}\,\Sigma_{i=1}^{n} miv_{iG}^{\;2}$, mas $v_{iG} = \omega.r_{iG}$, $v_{iG}^{\;2} = \omega^2.r_{iG}^{\;2}$. A velocidade angular é constante para o corpo todo; portanto, $T = \frac{1}{2}\,\omega^2\Sigma_{i=1}^{n} mir_{iG}^{\;2}$.

A somatória representa o momento de inércia de massa do corpo, $I = \Sigma_{i=1}^{n} mir_{IG}^{\;2}$, ou

$$T = \frac{1}{2}\,I\omega^2.$$

Ao operarmos a distributiva, temos ainda o termo: $T = \frac{1}{2}\,\Sigma_{i=1}^{n} mi(2v_G.v_{iG})$.

$$T = \frac{1}{2}\,2v_G\Sigma_{i=1}^{n} mi.v_{iG},\ \text{mas},\ \Sigma_{i=1}^{n} mi.v_{iG} = \frac{d}{dt}\,\Sigma_{i=1}^{n} mir_{iG}.$$

A somatória representa a junção de todas as massas (i) do corpo em relação ao centro de massa G, as quais são expressas pelos vetores posição ($\mathbf{r}_{iG}$). O termo $\Sigma_{i=1}^{n} mir_{iG}$ é chamado momento estático de superfície e, em relação ao centro de massa G, é zero; portanto:

$$T = \frac{1}{2}\,\Sigma_{i=1}^{n} mi(2v_G.v_{iG}) = 0$$

2.2 ENERGIA POTENCIAL DE UMA MOLA EXIBINDO COMPORTAMENTO LINEAR

Considere o bloco deslocado uma medida x de sua posição inicial (1) até a posição final (2).

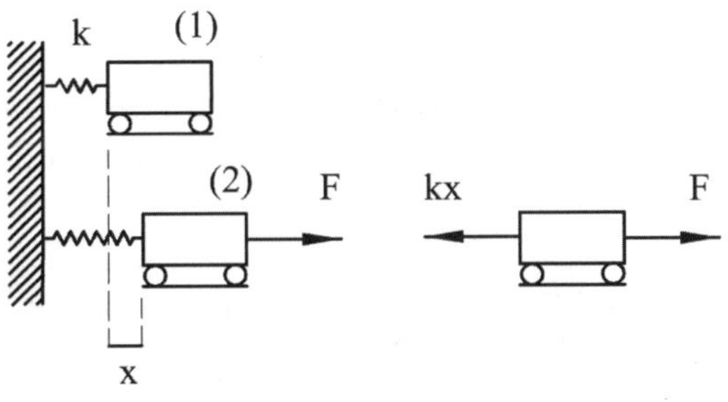

Figura 2.2 – Força na mola devido ao deslocamento do bloco.

$F = kx$: a força elástica é proporcional à distensão.

O trabalho (força x deslocamento) realizado pela força entre as posições (1) e (2) será:

$$\Gamma = \int_{x1}^{x2} Fdx = \int_{x1}^{x2} kxdx = \frac{1}{2}\,kx_2^{\;2} - \frac{1}{2}\,kx_1^{\;2} = \frac{1}{2}\,kx^2$$

$V = \frac{1}{2}\,kx^2$ representa a energia armazenada pela mola ou sua energia potencial.

2.2.1 ENERGIA POTENCIAL GRAVITACIONAL

Considere o bloco localizado a uma distância x acima de uma referência, deslocando-se no sentido da referência e, posteriormente, localizado a uma distância x abaixo da referência, como indica a Figura 2.3.

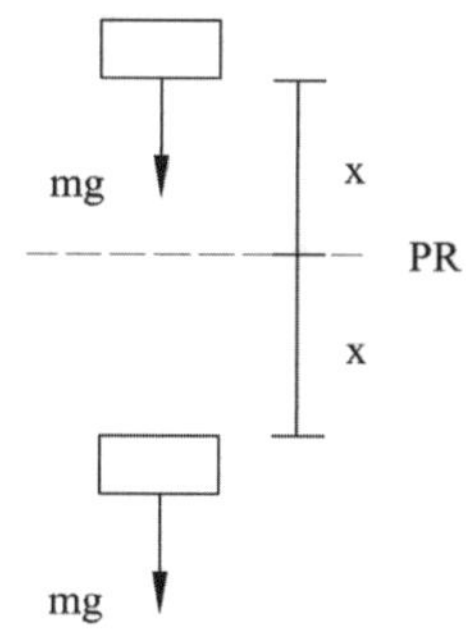

Figura 2.3 – Energia potencial gravitacional.

Acima do plano de referência (PR): o bloco possui energia potencial gravitacional positiva, pois a força peso realiza trabalho positivo ao movê-lo em direção ao PR. Quando o bloco está localizado a uma distância x abaixo da PR, a força para movê-lo até ao PR realiza trabalho negativo. A energia potencial torna-se negativa.

2.2.2 ENERGIA POTENCIAL DO SISTEMA MASSA-MOLA

Considere o bloco deslocado x abaixo da posição de equilíbrio (PE). Inicialmente, a mola está indeformada (Figura 2.4(a)). Acoplando o bloco, o sistema está na posição de equilíbrio (PE), e a mola, sofrendo deformação estática (Figura 2.4(b)). A Figura 2.4(c) representa o sistema oscilando, deslocado x da posição de equilíbrio.

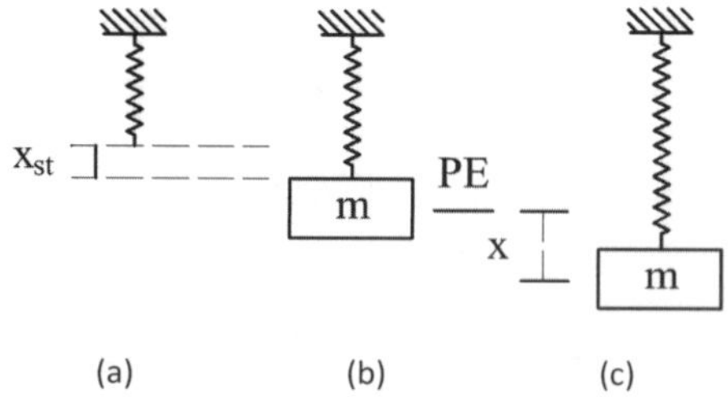

Figura 2.4 – Deformações da mola devido ao deslocamento do bloco.

Energia potencial da mola: $V = \frac{1}{2}\, kX^2$, onde X corresponde ao alongamento total da mola: $X = xst + x$. A energia potencial fica: $V = \frac{1}{2}\, k(xst + x)^2$.

Energia potencial do bloco: $V = -mgx$.

Energia potencial do sistema massa-mola: $V = \frac{1}{2} kX^2 - mgx$.

2.3 ENERGIA DISSIPATIVA

A energia dissipada (D) em um amortecedor viscoso é encontrada de forma semelhante à análise feita para a energia potencial da mola. Considere o bloco distendendo o amortecedor entre as posições 1 e 2 com velocidade v em relação à posição inicial 1.

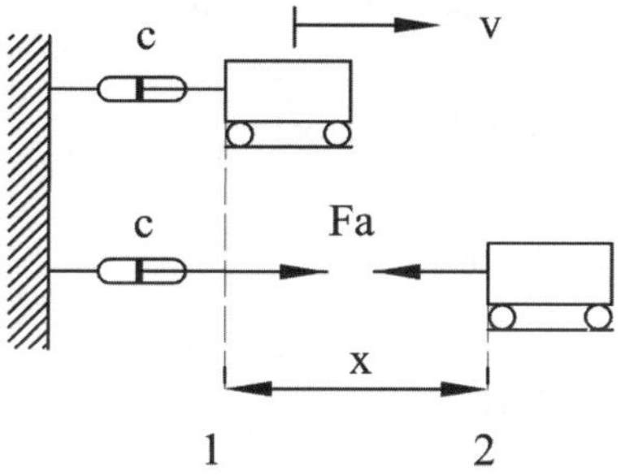

Figura 2.5 – Força no amortecedor devido ao deslocamento do bloco.

Fa = força de amortecimento, proporcional à velocidade. $Fa = c\dot{x}$;

c = coeficiente de amortecimento viscoso.

A energia dissipada é obtida por meio do trabalho realizado pela força entre as posições 1 e 2:

$$D = \int Fadx = \int c\dot{x}dx = c\int \dot{x}dx, \text{ lembrando } \int u^n du = \frac{u^{n+1}}{n+1}$$

$$D = \frac{1}{2}c\dot{x}^2$$

2.4 ELEMENTOS MOLA, MASSA OU INÉRCIA E AMORTECEDOR

Elemento mola

Todos os corpos sofrem deformações resultantes da aplicação de uma força, e, em função dessa deformação, seu comportamento será o de mola, o qual será expresso pela rigidez, que é o inverso da flexibilidade. Exemplos para a determinação da rigidez (k):

Viga engastada-livre submetida a flexão, onde F = força, carga; x = flecha máxima; e L = comprimento da viga.

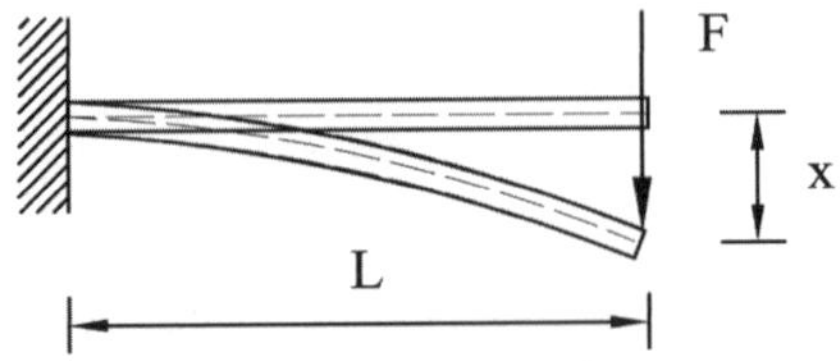

Figura 2.6 – Viga engastada-livre submetida a flexão.

Da resistência dos materiais, a flecha máxima $x = \frac{FL^3}{3EI}$.

E = módulo de elasticidade ou de Young $\left[\frac{N}{m^2}\right]$.

I = momento de inércia de área $[m^4]$.

Isolando F: $F = \frac{3EI}{L^3}x$, portanto, $k = \frac{3EI}{L^3}\left[\frac{\frac{N}{m^2}.m^4}{m^3}\right] = \left[\frac{N}{m}\right]$.

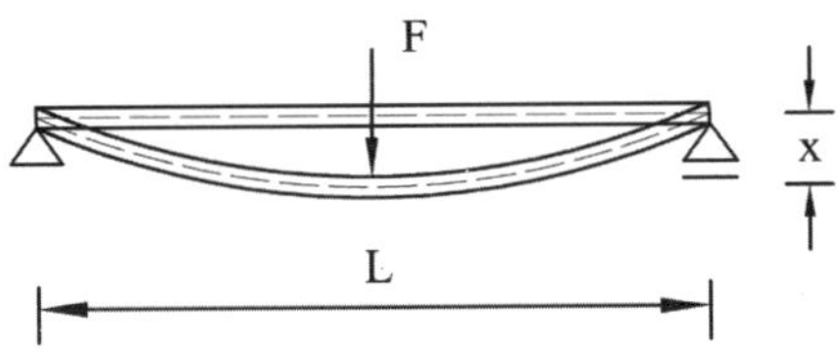

Figura 2.7 – Viga bi-apoiada submetida a flexão.

Da resistência dos materiais, a flecha máxima $x = \frac{FL^3}{48EI}$.

Isolando F: $F = \frac{48EI}{L^3}x$, portanto, $k = \frac{48EI}{L^3} = \left[\frac{N}{m}\right]$.

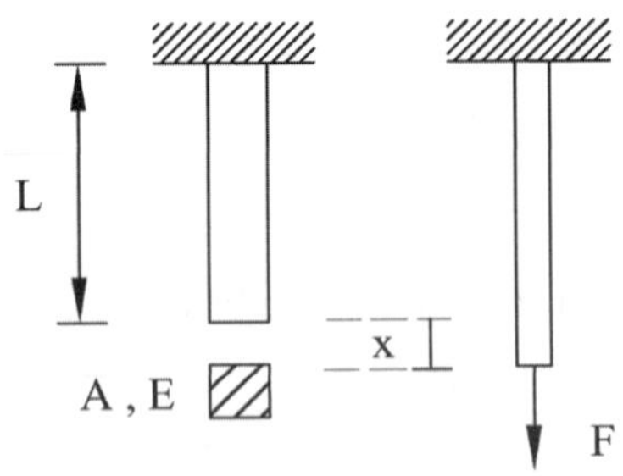

Figura 2.8 – Barra engastada-livre submetida a tração.

$$x = \frac{F.L}{A.E}$$

Isolando F, $F = \frac{A.E}{L}x$; portanto $k = \frac{A.E}{L}\left[\frac{N}{m}\right]$.

A = área da seção transversal.

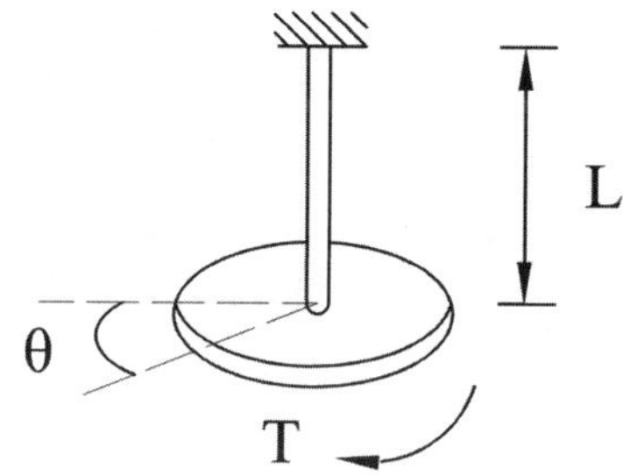

Figura 2.9 – Eixo submetido a torção.

$$T = k\theta,\ k = \frac{T}{\theta}\left[\frac{N.m}{rad}\right].$$

$\theta = \frac{T.L}{G.Jo}$, isolando-se T, $T = \frac{G.Jo}{L}\theta$; portanto $k = \frac{G.Jo}{L}\left[\frac{N.m}{rad}\right]$;

T = torque aplicado ao eixo;

θ = ângulo de torção;

G = módulo de elasticidade transversal: $G_{aço} = 80.10^9\left[\frac{N}{m^2}\right]$;

J_0 = momento de inércia polar: $J_0 = \frac{\pi d^4}{32}$.

2.5 ASSOCIAÇÃO DE MOLAS – MOLAS EQUIVALENTES

Paralelo: molas estão em paralelo quando a deformação de uma única mola já representa a deformação do sistema.

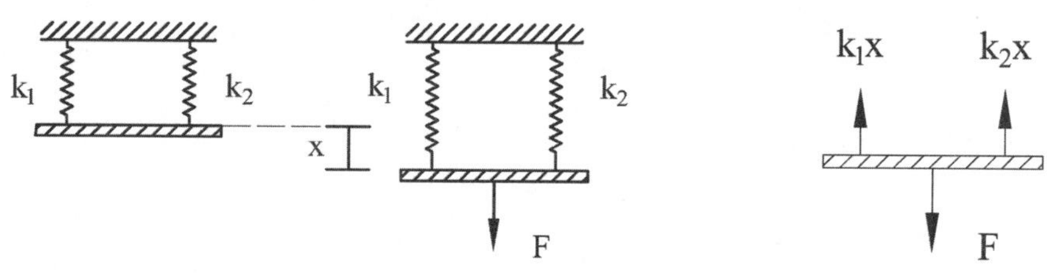

Figura 2.10 – Molas em paralelo.

$$\Sigma F = 0,\ F = kx,\ F = (k_1 + k_2)\,x,\ \ k_{eq} = k_1 + k_2$$

Série: molas estão em série quando a deformação do sistema é representada pela soma da deformação de cada mola.

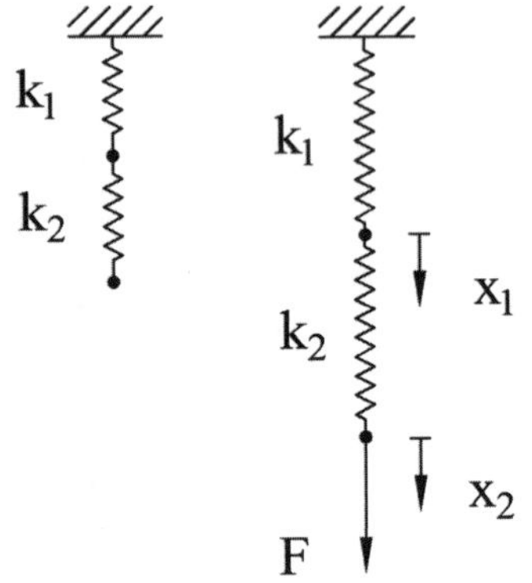

Figura 2.11 – Molas em série.

$$x_{total} = x_1 + x_2,\ x_1 = \frac{F}{k1},\ x_2 = \frac{F}{k2},\ k = \frac{F}{x},\ k = \frac{F}{F\left(\frac{1}{k1} + \frac{1}{k2}\right)},\ k_{eq} = \frac{k1.k2}{k1 + k2}$$

Se forem três molas: $k_{eq} = \dfrac{k1.k2.k3}{(k1.k2) + (k1.k3) + (k2.k3)}$.

Considere uma barra rígida com massa desprezível articulada em uma extremidade, e uma massa localizada na outra, sendo suportada por uma mola. Queremos representar uma mola com rigidez equivalente localizada na esfera.

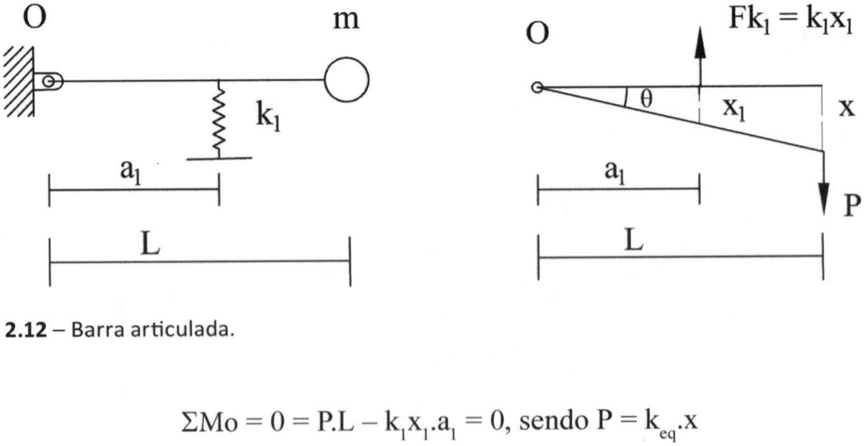

Figura 2.12 – Barra articulada.

$$\Sigma Mo = 0 = P.L - k_1 x_1.a_1 = 0,\ \text{sendo } P = k_{eq}.x$$

$$k_{eq}.x.L - k_1 x_1.a_1 = 0,\ \ k_{eq}.x.L = k_1.x_1.a_1$$

Precisamos representar x_1 em x, pois a mola estará localizada sob a esfera.

Pela semelhança de triângulos, $\theta = \frac{x}{L} + \frac{x_1}{a_1}$; portanto, $x_1 = \frac{a_1.x}{L}$ podemos escrever:

$K_{eq}.x.L = k_1.\frac{a_1.x}{L}.a_1$, rearranjando, $k_{eq} = \frac{k_1.a_1^2}{L^2}$.

Considerando duas molas, queremos expressar a rigidez equivalente sob a esfera.

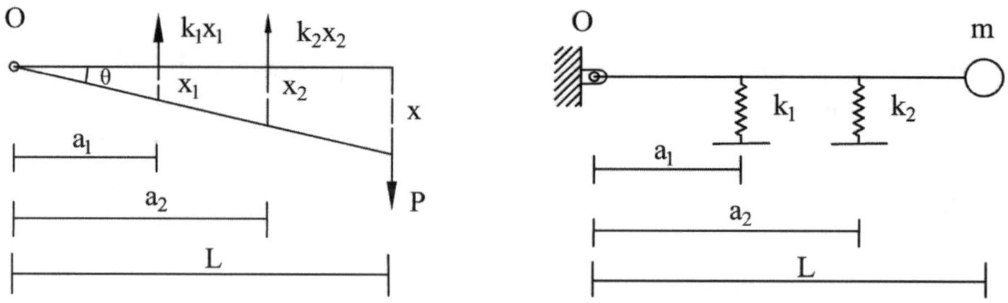

Figura 2.13 – Barra articulada suportada por duas molas.

$$\Sigma Mo = 0,\ K_{eq}.x.L = k_1.x_1.a_1 + k_2.x_2.a_2$$

Representando-se x_1 e x_2 em x: $\theta = \frac{x}{L} = \frac{x_1}{a_1} = \frac{x_2}{a_2}$.

$$x_1 = \frac{xa_1}{L},\ x_2 = \frac{xa_2}{L}$$

$$k_{eq}.x.L = \frac{k_1.x.a_1{}^2}{L} + \frac{k_2.x.a_2^2}{L},\ k_{eq} = \frac{k_1a_1^2 + k_2a_2^2}{L^2}$$

Na mesma lógica, se forem consideradas três molas: $k_{eq} = \frac{k_1a_1^2 + k_2a_2^2 + k_3a_3^2}{L^2}$.

A frequência natural para qualquer das situações fica: $\omega n = \sqrt{\frac{keq}{m}}$.

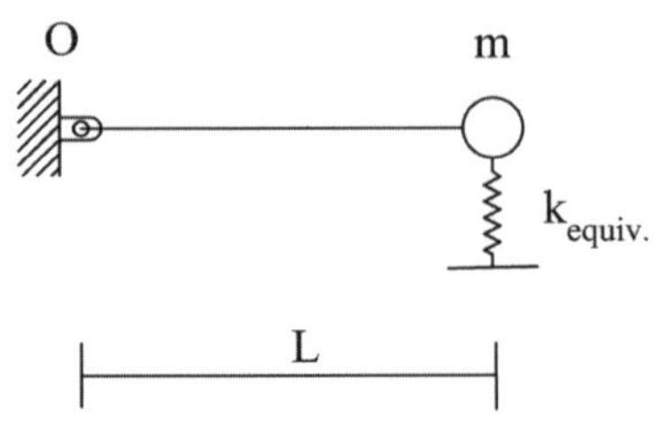

Figura 2.14 – Sistema equivalente.

Determinação da constante de rigidez equivalente expressa na linha do deslocamento da massa, para mola inclinada.

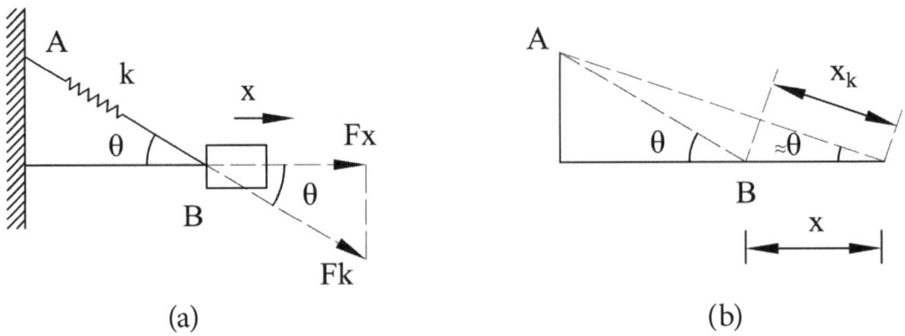

Figura 2.15 – Rigidez equivalente à mola inclinada (a), representação das deformações da mola (b).

$$Fx = Fk\cos\theta = k_{eq}x$$

$$Fk = kx_k$$

O bloco desloca-se para a direita, em x, sendo x e x_k pequenos deslocamentos.

$$Fk = k.x_k \text{ (a) },\ Fx = k_{eq}x,\ Fx = Fk\cos\theta,\ Fk = \frac{Fx}{\cos\theta} \text{ (b)},\ x_k = x\cos\theta \text{ (c)}$$

Substituindo-se (b) e (c) em (a): $\frac{Fx}{\cos\theta} = k.x\cos\theta,\ \frac{keq.x}{\cos\theta} = k.x.\cos\theta,\ k_{eq} = k(\cos\theta)^2$.

θ: ângulo tomado entre a inclinação da mola e a direção do movimento da massa (bloco).

2.6 ELEMENTOS MASSA OU INÉRCIA – MASSA EQUIVALENTE

Considera-se, na modelagem, que os elementos massa ou inércia sejam corpos rígidos ganhando ou perdendo energia cinética devido ao movimento oscilatório.

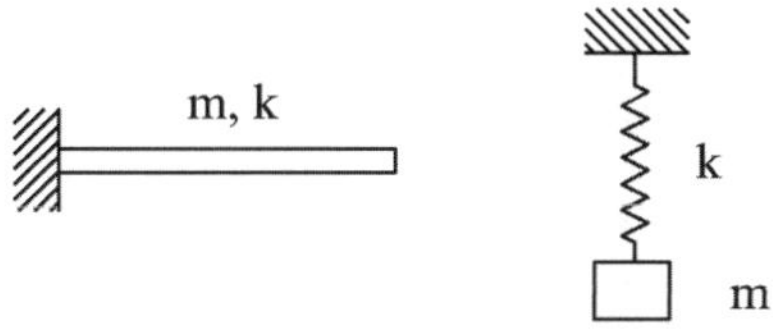

Figura 2.16 – Modelagem massa-mola de uma viga engastada-livre.

Quando várias massas estão associadas, podemos substituí-las por uma única massa equivalente. Considere uma barra rígida e de massa desprezível e articulada em "O", com duas massas acopladas, e queremos determinar a massa equivalente expressa em 2, sobre a mola. Considere também o sistema oscilando em torno da articulação e escrevendo a expressão de energia cinética.

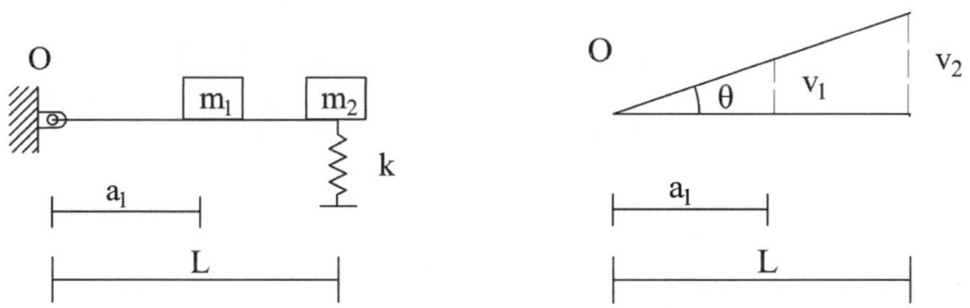

Figura 2.17 – Barra articulada com duas massas.

A expressão de energia cinética do sistema é dada pela soma da energia cinética de cada massa.

$$½\, m_{eq}\, \dot{x}_2^{\,2} = ½\, m_1 \dot{x}_1^{\,2} + ½\, m_2 \dot{x}_2^{\,2}$$

Expressando $\dot{x}_1$ em $\dot{x}_2$, pois é em 2 que se encontra a mola.

Pela semelhança de triângulos: $\theta = \dfrac{\dot{x}_1}{a_1} = \dfrac{\dot{x}_2}{L}$, $\dot{x}_1 = \dfrac{\dot{x}_2}{L}\, a_1$.

$$½\, m_{eq}\, \dot{x}_2^{\,2} = ½\, m_1 \left(\frac{\dot{x}_2}{L}.a_1\right)^2 + ½\, m_2 \dot{x}_2^{\,2}$$

Cancelando-se os termos de velocidade e o numeral,

$$m_{eq} = m_2 + m_1 \left(\frac{a_1}{L}\right)^2$$

2.7 ELEMENTO AMORTECEDOR – AMORTECIMENTO VISCOSO

O amortecimento viscoso está em função da velocidade relativa entre as superfícies onde atua o fluido. Considere um amortecedor e os terminais A e B.

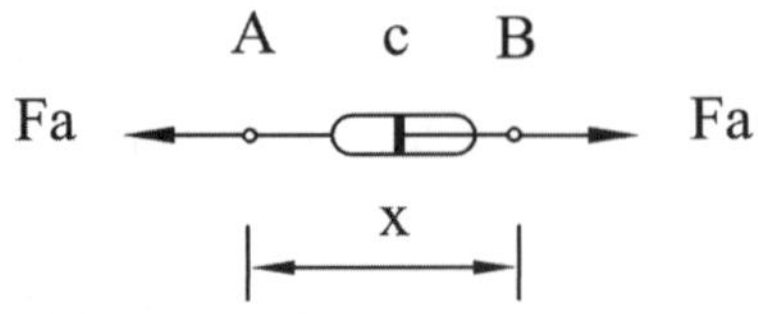

Figura 2.18 – Forças no amortecedor devido a distensão.

É aplicada uma força Fa para distendê-lo uma distância x, separando as duas extremidades, A e B, as quais se movem com velocidades diferentes. A velocidade relativa média de distensão entre A e B será $v = v_A - v_B$.

A velocidade de distensão entre os terminais estará em função do coeficiente de amortecimento viscoso c, o qual depende da viscosidade do fluido, da estrutura física do amortecedor, seja pistão-cilindro, seja da área de placas separadas pelo fluido, e outras disposições.

A força de amortecimento Fa atua linearmente no eixo do amortecedor com magnitude proporcional e sentido oposto à velocidade v. O sinal negativo é devido à força ter sentido oposto à velocidade.

$$Fa = -c\dot{x} \text{ [Ns/m]}$$

O coeficiente de amortecimento viscoso equivalente c_{eq} em série ou paralelo segue as mesmas construções vistas para as molas equivalentes.

2.8 MASSA EFETIVA

Considerou-se até agora que o elemento elástico (mola) só possua rigidez, ou seja, massa desprezível, e que toda a massa do sistema esteja considerada no bloco. Entretanto, em alguns casos, a fim de determinar com maior precisão a frequência natural de oscilação, pode-se levar em consideração a massa do elemento elástico. Em um sistema massa-mola modelado com massa da mola desprezível, e a massa do sistema concentrada no bloco, tem-se:

$$\omega n = \sqrt{\frac{k}{m}}$$

2.8.1 MASSA EFETIVA DE UMA MOLA HELICOIDAL

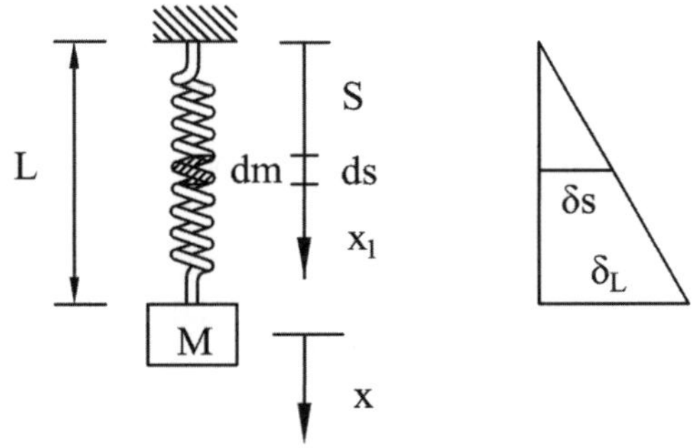

Figura 2.19 – Rigidez da mola helicoidal com massa considerada.

L = comprimento da mola;

ds = trecho elementar de massa da mola;

δs = alongamento do trecho ds, δ_L = alongamento total da mola;

m = massa da mola, M = massa do bloco.

Considerando-se o material isotrópico e homogêneo, a massa de um elemento de mola de comprimento ds será $dm = \frac{m}{L} ds$.

Quando o deslocamento do bloco M for x, o do trecho elementar dm será x_1. Podemos escrever a Figura 2.19(b) representando as deformações, $\frac{\delta s}{S} = \frac{\delta_L}{L}$, implicando em $\frac{x}{L} = \frac{x_1}{S}$, onde $x_1 = \frac{S}{L} x$.

A velocidade será $\dot{x}_1 = \frac{S}{L} \dot{x}$.

A energia cinética do elemento dm, $T = ½ \, dm \, \dot{x}_1^2$, substituindo-se os termos,

$$T = ½ \left[\frac{m}{L} \frac{S^2}{L^2} \dot{x}^2 \right] ds = ½ \, \frac{m}{L^3} [S^2.\dot{x}^2] ds.$$

Considerando-se a mola toda, a energia cinética fica:

$$T = T = \int_0^L \frac{1}{2} \frac{m}{L^3} [S^2.\dot{x}^2] \, ds$$

$$T = ½ \frac{m}{L^3} \dot{x}^2 \left[\frac{S^3}{3} \Big|_0^L ds = ½ \left[\frac{m}{L^3} \frac{L^3}{3} \right] \dot{x}^2 = ½ \frac{m}{3} \dot{x}^2.$$

A massa efetiva da mola é $m_{efetiva} = \frac{m}{3}$, indicando que 1/3 da massa da mola contribui para a inércia do sistema.

A energia cinética do conjunto massa-mola será

$$T = ½ \left[M + \frac{m}{3} \right] \dot{x}^2 \text{ [J]}.$$

A frequência natural fica $\omega n = \sqrt{\frac{k}{M + \frac{m}{3}}}$ rad/seg.

2.8.2 MASSA EFETIVA DE UM EIXO SUBMETIDO A TORÇÃO

De forma análoga à análise de massa efetiva da mola, consideram-se agora um eixo de raio r, comprimento L com momento de inércia de massa I_1, e um disco de raio R, com momento de inércia de massa I.

$$I_1 = ½\, m_{eixo}.r^2 , I = ½\, m_{disco}.R^2$$

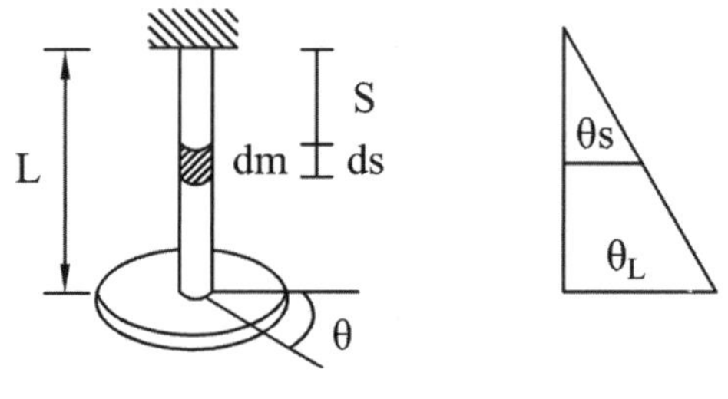

Figura 2.20 – Rigidez do eixo com massa considerada.

θ_S = deslocamento angular no trecho ds;

θ_L = deslocamento angular na extremidade L;

$\frac{\theta s}{S} = \frac{\theta_L}{L}$, implicando em $\theta_S = \frac{S}{L} \theta_L$.

Fazendo-se $\theta_S = \theta_1$ e $\theta_L = \theta$, a velocidade angular no trecho ds será

$$\frac{d\theta_1}{dt} = \frac{S}{L} \frac{d\theta}{dt}, \dot{\theta}_1 = \frac{S}{L} \dot{\theta}.$$

A massa no trecho elementar será $dm = \frac{m_{eixo}}{L} ds$.

A energia cinética no trecho elementar ds é:

$$T = ½\, dI_1 \left(\frac{d\theta 1}{dt}\right)^2;$$

substituindo-se os termos,

$$T = ½ \left(\frac{1}{2} \frac{m_{eixo}}{L} r^2 \frac{S^2}{L^2} \dot{\theta}^2 ds\right) = ½ \left(\frac{1}{2} \frac{m_{eixo}}{L^3} r^2 S^2 \dot{\theta}^2 ds\right).$$

Considerando-se todo o eixo, a grandeza S varia de 0 a L,

$$T = ½ \left(\frac{1}{2} \frac{m_{eixo}}{L^3} r^2 \dot{\theta}^2\right) \int_0^L S^2 ds$$

$$T = ½ \left(\frac{I_1}{L^3} \dot{\theta}^2 \frac{L^3}{3}\right) = ½ \left[\frac{I_1}{3}\right] \dot{\theta}^2 \text{ [J], energia cinética do eixo.}$$

A inércia efetiva é $I_{efetiva} = \frac{I_1}{3}$, indicando que 1/3 da massa do eixo contribui para a inércia do sistema.

A energia cinética do sistema eixo-disco, $T = ½ \left[I + \frac{I_1}{3}\right] \dot{\theta}^2$ [J].

A frequência natural fica $\omega n = \sqrt{\frac{k}{I + \frac{I_1}{3}}}$ rad/seg.

2.8.3 MASSA EFETIVA DE UMA VIGA ENGASTADA-LIVRE

Considere uma viga de comprimento L e massa m, engastada, e um bloco de massa M localizado na extremidade livre.

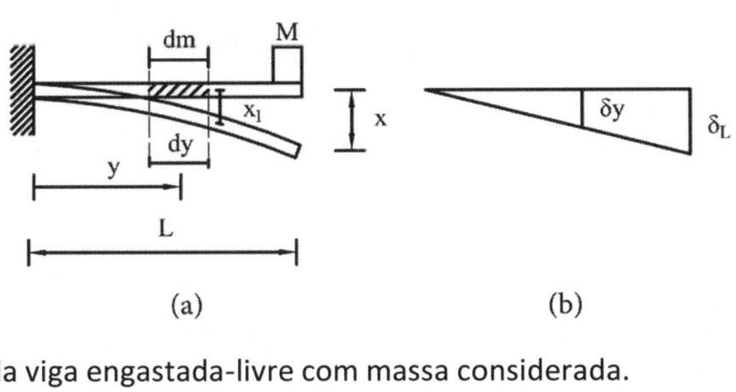

Figura 2.21 – Rigidez da viga engastada-livre com massa considerada.

Das Figuras 2.21(a) e 2.21(b), podemos escrever $\frac{x1}{x} = \frac{\delta y}{\delta L}$, $x_1 = \frac{\delta y}{\delta L}\, x$.

Da resistência dos materiais, a equação da linha elástica é dada:

$$\delta_y = \frac{P}{6EI}\,(y^3 - 3Ly^2).$$

A flecha máxima, $\delta_L = \frac{PL^3}{3EI}$.

$$x_1 = \frac{(P/6\,EI)(y^3 - 3Ly^2)}{PL^3/3EI}\, x = \frac{1}{2L^3}\,(y^3 - 3Ly^2)\, x$$

A massa no trecho dy, $dm = \frac{m}{L}\, dy$.

A energia cinética no trecho dm,

$$T = ½\,[dm.\dot{x}_1^{\,2}] = ½\left[dm\left(\frac{1}{2L^3}\left(y^3 - 3Ly^2\right)\right)^2 \dot{x}^2\right]$$

$$T = ½\left[\frac{1}{L^3}\, dm\left(\frac{y^3}{2} - \frac{3Ly^2}{2}\right)^2 \dot{x}^2\right].$$

Para toda a viga, sendo y, portanto, o termo variante,

$$T = ½\left[\frac{m}{L}\int_0^L\left(\frac{y^3}{2L^3} - \frac{3Ly^2}{2L^3}\right)^2 dy\,\dot{x}^2\right].$$

O parênteses é um produto notável:

$$(a - b)^2 = a^2 - ab + b^2;\ (a^n)^m = a^{n.m};\ a^n.a^m = a^{n+m};\ a^n/a^m = a^{n-m}.$$

Resolvendo-se a integral,

$$\int_0^L\left(\frac{y^6}{4L^6} - \frac{6Ly^5}{4L^6} + \frac{9L^2y^4}{4L^6}\right) dy,$$

integrando-se por partes,

$$\frac{L^7}{28L^6} - \frac{6L^7}{24L^6} + \frac{9L^7}{20L^6} = \frac{0{,}0375L^7}{L^6} - \frac{0{,}25L^7}{L^6} + \frac{0{,}45L^7}{L^6}.$$

Reescrevendo-se a expressão de energia cinética,

$$T = ½\left(\frac{m}{L}\, 0{,}2357L\right)\dot{x}^2 = ½\,(0{,}2357m)\,\dot{x}^2\ [J].$$

A massa efetiva da viga em balanço, $m_{efetiva} = 0{,}2357m$.

Considerando a massa M sobre a viga,

$$T = \frac{1}{2}\,[M + 0{,}2357m]\,\dot{x}^2 \text{ [J]}.$$

A frequência natural fica $\omega n = \sqrt{\dfrac{k}{M + 0{,}2357m}}$ rad/seg.

2.8.4 MASSA EFETIVA DE UMA VIGA BI-APOIADA

Considere uma viga bi-apoiada com uma carga P aplicada em seu centro por meio do bloco de massa M.

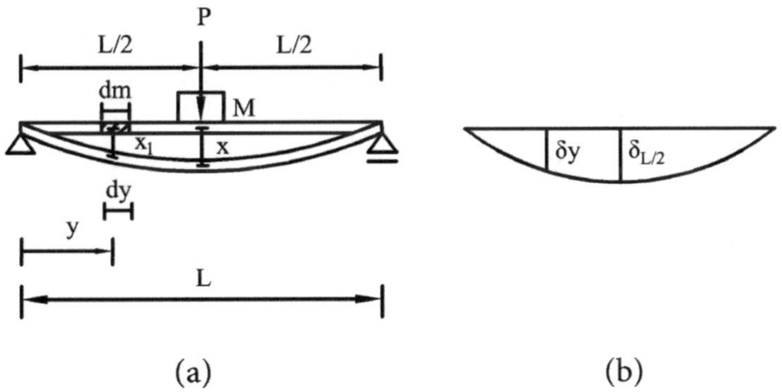

Figura 2.22 – Rigidez da viga bi-apoiada com massa considerada.

$$\delta_y = x_1 \,;\, \delta_{L/2} = x$$

Da resistência dos materiais, a equação da linha elástica é dada:

$$x_1 = \frac{P}{48EI}\,(3L^2y - 4y^3) \text{ para } 0 \le y \le L/2.$$

A flecha máxima, deformação no centro da viga,

$$x = \frac{PL^3}{48EI}.$$

Pela semelhança de triângulos entre as configurações das Figuras 2.22(a) e 2.22(b),

$$\delta_{L/2} = x = \frac{PL^3}{48EI},\ \delta_y = x_1 = \frac{P}{48EI}\,(3L^2y - 4y^3),$$

fazendo

$$\frac{x1}{x} = \frac{\delta y}{\delta L/2};\ x_1 = \frac{\delta y}{\delta L/2}\,x = \frac{\frac{P}{48EI}(3L^2y - 4y^3)}{\frac{PL^3}{48EI}}\,x$$

$$x_1 = \frac{3L^2y - 4y^3}{L^3}\,x.$$

A análise de energia considera a seção de 0 até L/2, meio da viga. Para toda a viga, a energia cinética terá a análise multiplicada por 2.

O trecho dy terá massa dm, onde $dm = \frac{m}{L}\,dy$.

A energia cinética no trecho elementar dy,

$$T = ½\,dm\dot{x}_1^{\,2} = ½\,\frac{m}{L}\,dy\,\dot{x}_1^{\,2} = ½\,\frac{m}{L}\left[\frac{3L^2y - 4y^3}{L^3}\,\dot{x}\right]^2 dy.$$

A energia cinética para toda a viga,

$$T = ½\int_0^{L/2} 2\,\frac{m}{L}\left(\frac{3L^2y - 4y^3}{L^3}\,\dot{x}\right)^2 dy.$$

Ao longo da viga, o termo y é variante,

$$T = ½\left[\,2\int_0^{L/2}\frac{m}{L}\left(\frac{9L^4y^2}{L^6} - \frac{24L^2y^4}{L^6} + \frac{16y^6}{L^6}\right)dy\right]\dot{x}^2$$

$$T = ½\left[\,2\int_0^{L/2}\frac{m}{L}\left(9L^{-2}y^2 - 24L^{-4}y^4 + \frac{16y^6}{L^6}\right)dy\right]\dot{x}^2$$

$$T = ½\left[\,2\int_0^{L/2}\frac{m}{L}\left(\frac{9L^{-2}}{3}\frac{L^3}{8} - \frac{24L^{-4}}{5}\frac{L^5}{32} + \frac{16}{7}\,\frac{L^7}{128L^6}\right)\Big|_0^{L/2}\,\dot{x}^2\right.$$

$$T = ½\left[\,2\,\frac{m}{L}\left(0{,}375L - 0{,}15L + 0{,}01785L\right)\right]\dot{x}^2$$

$$T = ½\,(0{,}4857m)\,\dot{x}.$$

A massa efetiva da viga bi-apoiada, $m_{efetiva} = 0{,}4857m$.

Considerando-se a massa M sobre a viga,

$$T = ½\,[M + 0{,}4857m]\,\dot{x}^2\ [J].$$

A frequência natural fica $\omega n = \sqrt{\dfrac{k}{M + 0{,}4857m}}$ rad/seg.

Exemplo 2.1

Considere uma barra de aço bi-apoiada de comprimento L = 1,2 m, seção transversal retangular, em que a razão entre a altura e a base, h/b = 0,5, sendo a base b = 50 mm. Determinar a frequência natural de vibração, sendo a densidade do aço $\rho = 7.800\ kg/m^3$ módulo de elasticidade, E = 200GPA.

L = 1,2 m; h = 0,025 m; b = 0,050 m

Determinação da massa da barra:

massa = densidade x volume = $7.800.1,5.10^{-3} = 11,7$ kg.

Momento de inércia de área (I) $I = \dfrac{b.h^3}{12} = 6,51.10^{-8}\ [m^4]$.

Considerando-se a barra rígida com massa desprezível, a frequência natural

$$\omega n = \sqrt{\frac{48.(200.10^9)(6,51.10^{-8})}{11,7.(1,2^3)}} = 175,8\ [rad/s].$$

Considerando-se a massa da barra ($m_{efetiva}$),

$$\omega n = \sqrt{\frac{48.(200.10^9)(6,51.10^{-8})}{0,4857.11,7.(1,2^3)}} = 252,3\ rad/s.$$

Em análise no sistema contínuo para a vibração lateral em vigas, a expressão para a solução exata a ser vista no Capítulo 10, Equação (10.29), é da forma:

$$\omega n = \frac{n^2.\pi^2}{L^2}.\sqrt{\frac{EI}{\mu}}.$$

μ = massa por unidade de comprimento; $\mu = \dfrac{11,7}{1,2} = 9,75$ kg/m;

n = termo para definir a frequência natural. 1ª frequência n = 1, 2ª frequência n = 2, e assim por diante;

$$\omega n = \frac{1^2.\pi^2}{1,2^2}\sqrt{\frac{200.10^9 6,51.10^{-8}}{9,75}} = 250,4\ rad/s.$$

2.9 EQUAÇÕES DE LAGRANGE

Nosso interesse está em escrever a equação diferencial do movimento de um dado sistema utilizando a mecânica lagrangiana, a qual consiste no método de trabalho e energia que são expressos pelos escalares relativos às energias cinética, potencial, dissipativa, e do trabalho realizado por uma força. De uma forma geral, a expressão lagrangiana é escrita como

$$\frac{d}{dt}\left(\frac{\partial T}{\partial \dot{q}i}\right) - \frac{\partial T}{\partial qi} + \frac{\partial D}{\partial \dot{q}i} + \frac{\partial V}{\partial qi} = \frac{\partial \Gamma}{d\dot{q}i}$$

$$i = 1, 2, \ldots n,\ q_i = x_i,\ \dot{q}_i = \dot{x}_i$$

$$T = \text{energia cinética} = \frac{1}{2} m\dot{q}_i^{\,2} = \frac{1}{2} m\dot{x}^2;$$

$$V = \text{energia potencial} = \frac{1}{2} kq_i^{\,2} = \frac{1}{2} kx^2;$$

$$D = \text{energia dissipativa} = \frac{1}{2} c\dot{q}_i^{\,2} = \frac{1}{2} c\dot{x}^2;$$

Γ = trabalho realizado por uma força ou torque;

q_i = coordenadas generalizadas;

$\dot{q}_i$ = velocidades generalizadas.

Realizando-se as derivadas parciais – e lembrando-se que $\frac{d}{dx}(cx^n) = ncx^{n-1}$,

$$\frac{\partial T}{\partial \dot{q}i} = \frac{\partial T}{\partial \dot{x}} = \frac{2}{2} m\dot{x}^{2-1} = m\dot{x}$$

$$\frac{\partial T}{\partial qi} = \frac{\partial T}{\partial x} = 0$$

$$\frac{d}{dt}\left(\frac{\partial T}{\partial \dot{q}i}\right) = \frac{d}{dt}\left(\frac{\partial T}{\partial \dot{x}}\right) = m\ddot{x}$$

$$\frac{\partial D}{\partial \dot{q}i} = \frac{\partial D}{\partial \dot{x}} = c\dot{x}$$

$$\frac{\partial V}{\partial qi} = \frac{\partial V}{\partial x} = kx$$

Considere um sistema massa-mola em vibração livre, um sistema conservativo, movendo-se no eixo x.

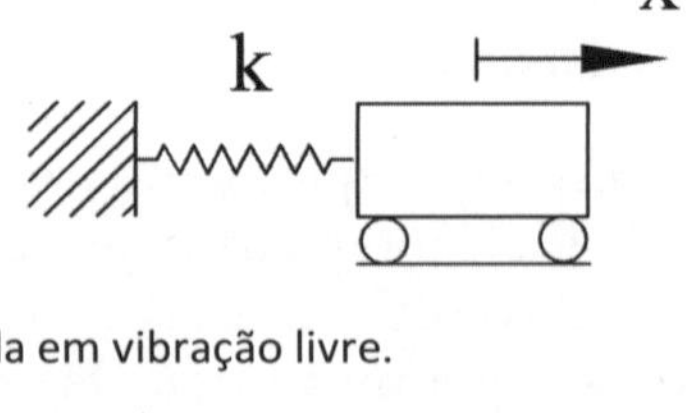

Figura 2.23 – Sistema massa-mola em vibração livre.

Quando um corpo está submetido à ação de um sistema de forças conservativas, o princípio de trabalho e energia pode ser escrito como $T_1 + V_1 = T_2 + V_2$. O teorema de conservação de energia estabelece que a soma das energias cinética e potencial inicial do corpo, $(T_1 + V_1)$ é igual à soma das energias cinética e potencial final do corpo $(T_2 + V_2)$, ou seja, a soma das energia cinética e potencial permanece constante. $T + V =$ constante.

A coordenada generalizada $q_i = x$, e o lagrangiano reduz-se a

$$\frac{d}{dt}\left(\frac{\partial T}{\partial \dot{q}i}\right) - \frac{\partial T}{\partial qi} + \frac{\partial V}{\partial qi} = 0$$

A equação diferencial fica $m\ddot{x} + kx = 0$.

Considere agora um sistema massa-mola-amortecedor submetido a uma força externa F(t). Esse é um oscilador harmônico forçado.

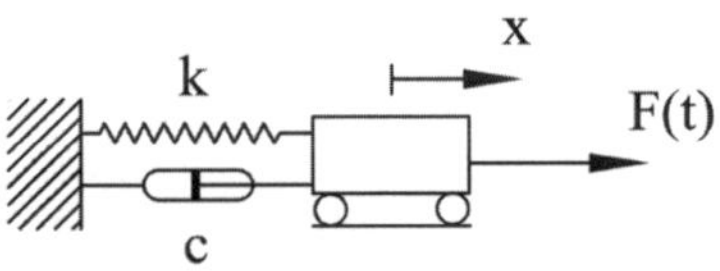

Figura 2.24 – Sistema massa-mola-amortecedor com força externa aplicada.

As expressões e a manipulação das energias cinética e potencial foram descritas anteriormente. Considerando agora duas forças não conservativas, Fa e F(t), vamos considerar o trabalho virtual realizado por elas, pois o lagrangiano leva em conta as energias do sistema, e energia é uma grandeza escalar, assim como o trabalho.

Uma força F (vetor) aplicada em um corpo ao qual admitimos um suposto deslocamento, um deslocamento virtual (δx), realiza um trabalho virtual ($\delta\Gamma$).

$$\delta\Gamma = F\delta x$$

Considere o bloco sob a ação de uma força F(t) e da força de amortecimento $Fa = -c\dot{x}$. O bloco sofre um deslocamento virtual em função dessas forças reais.

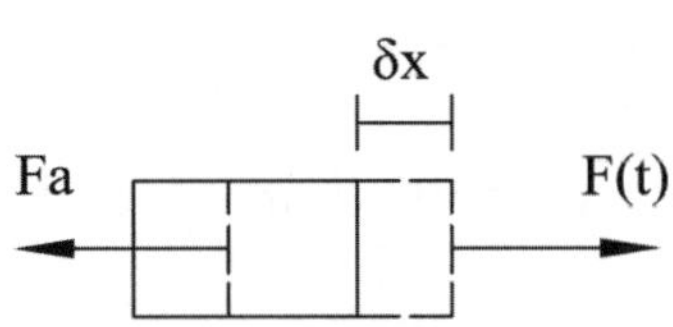

Figura 2.25 – Bloco sob a ação de forças.

O trabalho virtual fica escrito $\delta\Gamma = F(t)\delta x - c\delta x$.

$\delta\Gamma = [F(t) - c\dot{x}]\ \delta x$, lembrando que $\frac{d}{dx}(Ax) = A$

$\frac{\partial\Gamma}{\partial x} = F(t) - c\dot{x},\ q_i = \delta x$

A equação diferencial do movimento do sistema massa-mola-amortecedor e força impressa é da forma

$$m\ddot{x} + c\dot{x} + kx = F(t),$$

o lagrangeano é a expressão geral

$$\frac{d}{dt}\left(\frac{\partial T}{\partial \dot{q}i}\right) - \frac{\partial T}{\partial qi} + \frac{\partial D}{\partial \dot{q}i} + \frac{\partial V}{\partial qi} = \frac{d\Gamma}{d\dot{q}i}.$$

Exemplo 2.2

Uma barra de massa desconsiderada e comprimento L = 1,0 m está articulada em "O" com uma massa de 2,0 kg em outra extremidade e, ao ser acoplada, produz deformação estática (x_{st}) de 15 mm na mola distante a_1 = 0,75 m da articulação, encontrando-se o sistema na posição de equilíbrio. A barra é deslocada uma distância x de sua posição de equilíbrio e solta. Determinar a frequência de oscilação.

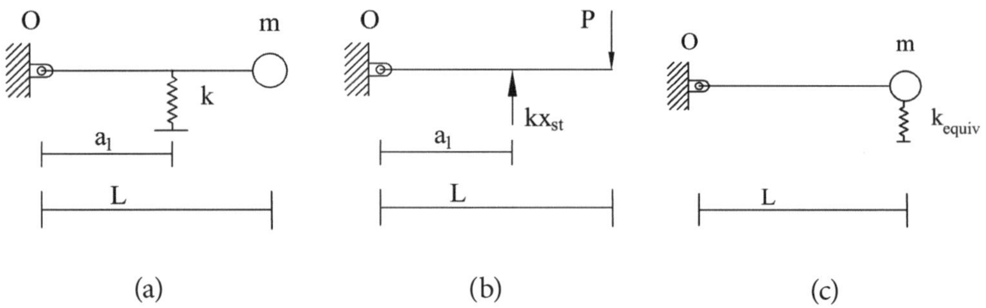

Figura 2.26 – Representação da barra articulada (a), forças decorrentes (b) e rigidez equivalente (c).

Determinação da constante de rigidez, somatória dos momentos em relação à articulação fixa O, figuras (a) e (b).

$$\Sigma M_O = mg.L - k.xst.a_1 = 0; k = \frac{2.9{,}81.1}{0{,}015.0{,}75} = 1744 \text{ N/m}$$

Considerando a mola sob a massa, encontramos a rigidez equivalente, Figura 2.26(c).

$$k_{equiv} = k\left(\frac{a_1}{L}\right)^2 = 981 \text{ N/m}$$

A componente lagrangiana para a energia cinética, $\frac{d}{dt}\left(\frac{\partial T}{\partial \dot{x}}\right) = m\ddot{x}$.

A componente lagrangiana para a energia potencial, $\frac{\partial V}{\partial x} = kx$.

A equação diferencial, $m\ddot{x} + kx = 0$ ($\div$ m).

$$\ddot{x} + \frac{981}{2}x = 0,\ \omega n = 22{,}15 \text{ rad/s},\ f = 3{,}52 \text{ cps, período } T = 0{,}28 \text{ s}$$

Exemplo 2.3

Uma barra com massa de 3,0 kg, distribuída, homogênea e isotrópica, de comprimento 1,5 m, está articulada em O e suspensa por uma mola de rigidez 2.200 N/m, localizada em uma distância L_k = 1,0 m da articulação, e o centro de massa dista L_G = 0,75 m. A barra é deslocada de sua posição de equilíbrio e solta. Queremos determinar a frequência de oscilação.

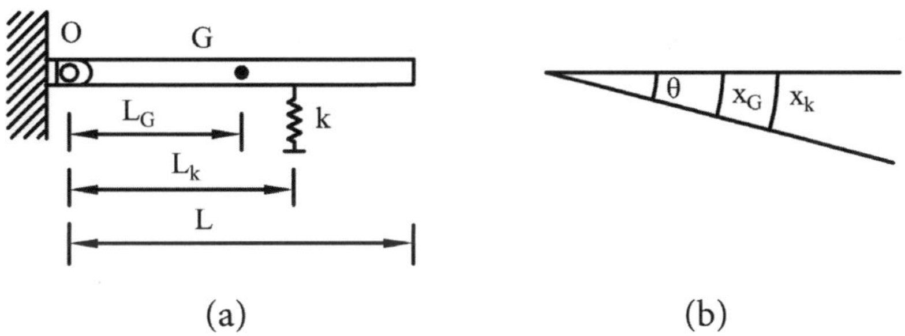

Figura 2.27 – Barra com massa distribuída articulada em O (a), barra deslocada (b).

Devido à barra ter massa distribuída, levamos em consideração a translação de seu centro de massa (G) e a sua rotação, portanto, as energias cinéticas de translação e rotação.

Desconsiderando massa ou mola equivalentes, vamos representar o deslocamento de cada elemento destacado, Figura 2.27(b).

$$x_G = \theta.0{,}75,\ x_k = \theta.1$$

Considerando-se a barra delgada, o momento de inércia de massa é dado por

$$I = \frac{1}{12}mL^2 = \frac{1}{12}3.1{,}5^2 = 0{,}5625 \text{ kg.m}^2.$$

O conjugado de inércia T' = $I\ddot{\theta}$.

A energia cinética de rotação da barra, $T = \frac{1}{2}I\dot{\theta}^2$.

A energia cinética de translação do centro de massa da barra, $T = \frac{1}{2}m\dot{x}_G^{\,2} = \frac{1}{2}m(\dot{\theta}.0{,}75)^2$.

A energia cinética da barra, $T = \frac{1}{2}m\dot{x}_G^{\,2} + \frac{1}{2}I\dot{\theta}^2 = \frac{1}{2}3(\dot{\theta}.0{,}75)^2 + \frac{1}{2}0{,}5625\dot{\theta}^2$.

$$T = ½\ 1{,}6875\dot{\theta}^2 + ½\ 0{,}5625\dot{\theta}^2 = ½\ 2{,}25\dot{\theta}^2 \text{ [J]}$$

A componente lagrangiana da energia cinética da barra,

$$\frac{\partial T}{\partial \dot{\theta}} = 2{,}25\dot{\theta}$$

$$\frac{d}{dt}\left(\frac{\partial T}{\partial \dot{\theta}}\right) = 2{,}25\ddot{\theta}$$

A energia potencial da mola, $V = \frac{1}{2}kx_k^{\ 2} = \frac{1}{2}2.200(\theta.1)^2$ [J].

A componente lagrangiana da energia potencial da mola,

$$\frac{\partial V}{\partial \theta} = 2.200\theta.$$

A equação diferencial,

$$2{,}25\ddot{\theta} + 2.200\theta = 0,\ \ddot{\theta} + 977{,}78\theta = 0,\ \omega n = \sqrt{977{,}78} = 31{,}27 \text{ rad/s}.$$

Solução por Newton

O método considera que a soma dos momentos causados pelas forças de inércia e de mola em relação à articulação mais o conjugado de inércia é igual a zero.

$$\Sigma M_O = F_{iG}.L_G + F_k.L_k + I\ddot{\theta} = 0$$

A massa da barra concentrada em seu centro de massa G translada deslocando-se x_G, e a mola deforma-se x_k como na Figura 2.27(b).

O termo de aceleração da massa, $\ddot{x}_G = \ddot{\theta}.L_G$, e a de deformação da mola, $x_k = \theta.L_k$.

$F_{iG} = m\ddot{x}_{G,}\ F_k = kx_k$

A somatória dos momentos,

$\Sigma M_O = m\ddot{x}_G L_G + kx_k L_k + I\ddot{\theta} = 0$

$3\ddot{\theta}.0{,}75^2 + 2.200\theta.1^2 + 0{,}5625\ddot{\theta} = 2{,}25\ddot{\theta} + 2.200\theta = 0\ (\div\ 2{,}25)$

$\ddot{\theta} + 977{,}78\theta = 0\ \ \omega n = 31{,}27$ rad/s

Exemplo 2.4

Um bloco de massa 5 kg preso em uma corda que circunda um disco de massa 3 kg, raio 80 mm e centrado em O, está ligado a uma mola que apresenta deformação estática de 20 mm devido à ação do peso do bloco. Em não havendo escorregamento entre a corda e o disco, o bloco é deslocado e solto, e o sistema oscila. Determinar a frequência de oscilação.

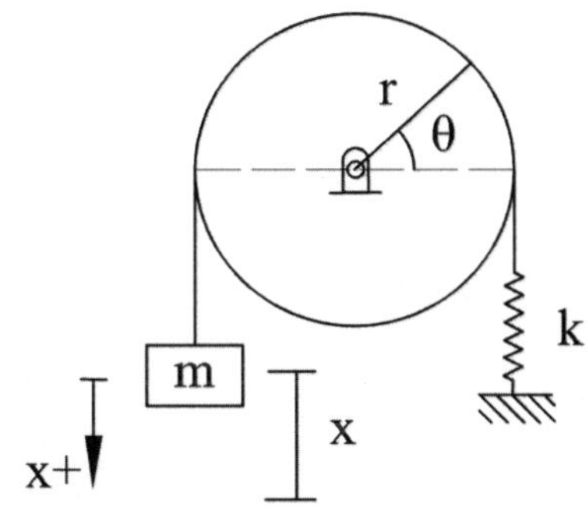

Figura 2.28 – Bloco em translação e disco em rotação.

Determinação da rigidez da mola

A medida do deslocamento do bloco é a mesma para a deformação da mola, isto é, o raio é o mesmo para os momentos.

$$k = \frac{mg}{xst} = \frac{5.9,81}{0,02} = 2452,5 \text{ N/m}$$

Momento de inércia de massa do disco,

$$I = \frac{1}{2} mr^2 = \frac{1}{2} 3.0,08^2 = 0,0096 \text{ kg.m}^2.$$

O deslocamento do bloco x_b é igual à deformação da mola $x_k = \theta.0,08$. A energia cinética do sistema é a soma das energias cinéticas de translação do bloco com a energia cinética de rotação do disco.

$$T = \frac{1}{2} mv^2 + \frac{1}{2} I\omega^2, \text{ sendo } v = \dot{x}_b = 0,08\dot{\theta}, \text{ e } \omega = \dot{\theta}.$$

$$T = ½\ 5.0,0064\dot{\theta}^2 + ½\ 0,0096\dot{\theta}^2 = ½\ 0,0416\dot{\theta}^2 \text{ [J]}$$

A componente lagrangiana para a energia cinética,

$$\frac{\partial T}{\partial \dot{\theta}} = 0,0416\dot{\theta}$$

$$\frac{d}{dt}\left(\frac{\partial T}{\partial \dot{\theta}}\right) = 0,0416\ddot{\theta}$$

A energia potencial da mola, $V = \frac{1}{2} k{x_k}^2 = ½\ 2452,5.0,08^2\theta^2 = ½\ 15,696\theta^2$ [J].

A componente lagrangiana para a energia potencial,

$$\frac{\partial V}{\partial \theta} = 15{,}696\theta$$

A equação diferencial fica escrita:

$$0{,}0416\ddot{\theta} + 15{,}696\theta = 0 \ (\div\ 0{,}0416)$$

$$\ddot{\theta} + 377{,}3\theta = 0,\ \omega n = \sqrt{377{,}3},\ \omega n = 19{,}42 \text{ rad/s.}$$

Pelo princípio de trabalho e energia, $T + V = cte$, $\frac{d}{dt}(T + V) = 0$.

A energia cinética, $T = ½\ 0{,}0416\dot{\theta}^2$, $\frac{dT}{dt} = 0{,}0416\dot{\theta}\ddot{\theta}$.

A energia potencial, $V = ½\ k(xst + x)^2 - mgx$, sendo $x = \theta r$.

$$V = ½\ 2452{,}5(0{,}020 + \theta.0{,}080)^2 - 5.9{,}81.\theta.0{,}08$$

$$V = 0{,}4905 + 3{,}924\theta + 7{,}848\theta^2 - 3{,}924\theta = 0{,}4905 + 7{,}848\theta^2,\ = \frac{dV}{dt}\ 15{,}696\theta\dot{\theta}$$

$$0{,}0416\dot{\theta}\ddot{\theta} + 15{,}696\theta\dot{\theta}\ (\div\ 0{,}0416\dot{\theta}) = \ddot{\theta} + 377{,}3\theta = 0,\ \omega n = 19{,}42 \text{ rad/s}$$

Solução por Newton

$$\Sigma M_O = F_{ib}.r + F_k.r + I\ddot{\theta} = 0$$

O sentido dos momentos é o mesmo, pois a aceleração está defasada 180^0 do deslocamento.

$$\Sigma M_O = m\ddot{x}_b.r + kx_k.r + I\ddot{\theta} = m\ddot{\theta}r^2 + k\theta r^2 + I\ddot{\theta} = 0$$

$$5\ddot{\theta}0{,}08^2 + 2452{,}5\theta.0{,}08^2 + 0{,}0096\ddot{\theta} = 0$$

$$0{,}0416\ddot{\theta} + 15{,}696\theta = 0 \ (\div\ 0{,}0416)$$

$$\ddot{\theta} + 377{,}3\theta = 0,\ \omega n = 19{,}42 \text{ rad/s}$$

CAPÍTULO 3
VIBRAÇÕES LIVRES AMORTECIDAS

3.1 CASOS DE AMORTECIMENTO

Vimos até agora sistemas em vibração livre sem amortecimento, sem a dissipação de energia, nos quais a amplitude era mantida constante. Entretanto, na prática, as vibrações cessam após um intervalo de tempo, e isso se dá devido ao amortecimento, pois essa é uma condição da natureza física.

O amortecimento pode estar relacionado com a viscosidade de um fluido como o amortecimento viscoso, pelo atrito entre as superfícies em contato, amortecimento Coulomb e pelo atrito interno do material, devido ao contato ou às forças de atração entre suas moléculas, amortecimento de histerese.

O caso de maior importância diz respeito ao amortecimento viscoso, o qual expressa a resistência de um fluido ao deslocamento de um corpo, originando uma força de amortecimento cuja resistência viscosa é proporcional à velocidade, Fa = –cv, como já visto.

Fa = força de amortecimento viscoso, [N];

c = coeficiente de amortecimento viscoso, [Ns/m];

v = velocidade, [m/s].

Utilizando novamente o diagrama de bloco e supondo oscilação para representarmos as forças decorrentes por meio do diagrama de corpo livre, escrevemos a equação diferencial do movimento. Considerando-se, então, o sistema oscilando e estando deslocado x de sua posição de equilíbrio (PE), as forças estão representadas.

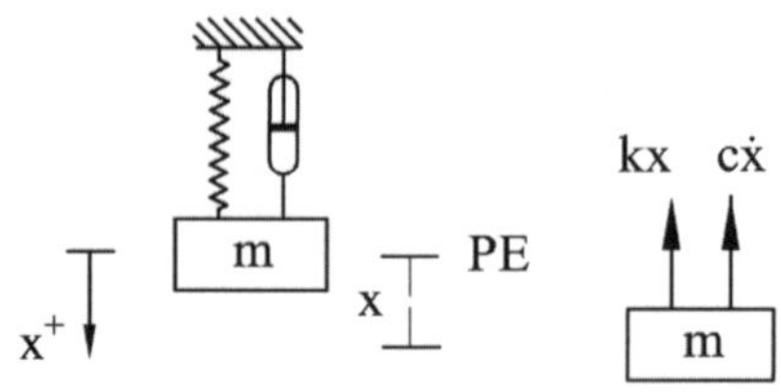

Figura 3.1 – Modelagem massa-mola-amortecedor.

Na condição dinâmica, a equação que rege o sistema é a segunda lei de Newton: $\Sigma F = ma$. Pelo diagrama de corpo livre, DCL.

$-c\dot{x} - kx = m\ddot{x}$. A equação diferencial fica:

$$m\ddot{x} + c\dot{x} + kx = 0 \tag{3.1}$$

A solução dessa equação é encontrada utilizando-se a notação complexa $x(t) = e^{st}$, que é uma expressão de deslocamento, e as amplitudes sucessivas decorrentes já não serão mais iguais, pois diminuem exponencialmente no decorrer do tempo, e, no termo s, encerram-se os tipos de amortecimento e, por consequência, o comportamento do sistema.

Dividindo-se a Expressão (3.1) por m:

$$\ddot{x} + \frac{c}{m}\dot{x} + \frac{k}{m}x = 0 \tag{3.2}$$

Derivando duas vezes em relação ao tempo a expressão de deslocamento, teremos:

$$x(t) = e^{st},\ \dot{x}(t) = se^{st},\ \ddot{x}(t) = s^2e^{st};$$

e, substituindo esses termos na Expressão (3.2) e cancelando o termo comum e^{st}, obtemos

$$s^2 + \frac{c}{m}s + \frac{k}{m} = 0 \tag{3.3}$$

A Equação (3.3) é chamada equação característica, um polinômio de segundo grau, e possui duas raízes, encontradas ao aplicarmos Báscara.

$$s_{1,2} = -\frac{c}{2m} \pm \sqrt{\left(\frac{c}{2m}\right)^2 - \frac{k}{m}} \tag{3.4}$$

Para satisfazermos as condições iniciais, ou seja, deslocamento e velocidade quando o tempo t = 0, precisamos de uma solução com duas constantes reais e arbitrárias C_1 e C_2, combinando-as com as duas raízes $s_{1,2}$ da equação característica. A solução é escrita na forma:

$$x(t) = C_1 e^{s1t} + C_2 e^{s2t} \tag{3.5}$$

Inserindo a Expressão (3.4) em (3.5), obtemos a expressão geral para o movimento do sistema amortecido

$$x(t) = C_1 e^{\left(-\frac{c}{2m}+\sqrt{\left(\frac{c}{2m}\right)^2-\frac{k}{m}}\right)t} + C_2 e^{\left(-\frac{c}{2m}-\sqrt{\left(\frac{c}{2m}\right)^2-\frac{k}{m}}\right)t} \tag{3.6}$$

A Equação (3.6) pode ser escrita como

$$x(t) = e^{-\frac{c}{2m}t}\left[C_1 e^{+\sqrt{\left(\frac{c}{2m}\right)^2-\frac{k}{m}}\,t} + C_2 e^{-\sqrt{\left(\frac{c}{2m}\right)^2-\frac{k}{m}}\,t}\right] \tag{3.7}$$

As Equações (3.6) e (3.7) nos oferecem três condições no radicando.

Quando o termo $\left(\frac{c}{2m}\right)^2$ for maior que $\frac{k}{m}$, os expoentes serão números reais e positivos, e não haverá oscilação; o sistema, ao ser deslocado e solto, retorna à posição de equilíbrio. Este caso é chamado *superamortecido* ou *supercrítico* e é utilizado quando se requer retorno à posição de equilíbrio em um dado tempo, sem oscilação, por exemplo, sistemas de refluxo como fechadores automáticos de portas e outros.

Quando o termo $\left(\frac{c}{2m}\right)^2$ for igual a $\frac{k}{m}$, o radical das equações será zero, e esse caso é chamado *criticamente amortecido*. O sistema, ao ser deslocado e solto, retorna rapidamente à posição de equilíbrio em um tempo menor que no caso superamortecido. Esse tipo de amortecimento é utilizado em projetos que necessitam de retorno rápido, sem oscilação.

Quando o termo $\left(\frac{c}{2m}\right)^2$ for menor que $\frac{k}{m}$, o radical das expressões torna-se um número imaginário, e o movimento será chamado *subamortecido* ou *subcrítico*, sendo o caso mais comum de amortecimento. O sistema, ao ser deslocado e solto, oscila com suas amplitudes de movimento, decaindo exponencialmente no tempo.

No estudo de vibrações amortecidas, é muito útil a utilização do chamado fator de amortecimento (ξ), dado pela razão adimensional:

$$\xi = \frac{C}{Cc},$$

onde c_c é chamado coeficiente de amortecimento crítico.

Para o caso amortecido criticamente, $c = c_c$.

Podemos escrever $\left(\frac{c}{2m}\right)^2 = \frac{k}{m}; \left(\frac{c}{2m}\right) = \omega n; c_c = 2m\omega n$

$$c = \xi c_c ; \frac{c}{2m} = \frac{\xi Cc}{2m} = \frac{\xi 2m\omega n}{2m} = \xi\omega n.$$

$\xi\omega n$ é chamado coeficiente de amortecimento.

As raízes $s_{1,2}$ da Expressão (3.6) ficam escritas

$$s_{1,2} = (-\xi\omega n \pm \sqrt{(\xi\omega n)^2 - \omega n^2})t = (-\xi \pm \sqrt{\xi^2 - 1})\omega nt.$$

A Equação Diferencial (3.3) fica reescrita

$$s^2 + 2\xi\omega ns + \omega n^2 \quad (3.8)$$

As Expressões (3.6) e (3.7) ficam

$$x(t) = C_1 e^{(-\xi + \sqrt{\xi^2 - 1})\omega nt} + C_2 e^{(-\xi - \sqrt{\xi^2 - 1})\omega nt} \quad (3.9)$$

$$x(t) = e^{-\xi\omega nt}\,[C_1 e^{(+\sqrt{\xi^2 - 1})\omega nt} + C_2 e^{(-\sqrt{\xi^2 - 1})\omega nt}] \quad (3.10)$$

Das Expressões (3.9) e (3.10), teremos, portanto:

quando $\xi > 1$, o radicando será um número positivo e o caso é chamado *superamortecido;*

quando $\xi = 1$, o radical será zero e o caso é chamado *amortecido criticamente*;

quando $\xi < 1$, o radicando será um número negativo e o caso é chamado *subamortecido.*

3.1.1 EQUAÇÕES DE RESPOSTAS

Caso superamortecido ($\xi > 1$)

Reescrevendo-se a Expressão Geral (3.9) e simplificando-a, fazendo

$$q_1 = (-\xi + \sqrt{\xi^2 - 1})\omega nt,\ q_2 = (-\xi - \sqrt{\xi^2 - 1})\omega nt,$$

a solução geral,

$$x(t) = C_1 e^{q1t} + C_2 e^{q2t};$$

a velocidade,

$$\dot{x}(t) = q_1C_1e^{q1t} + q_2C_2e^{q2t}.$$

As constantes C_1 e C_2 são determinadas pelas condições iniciais:

x(t) para t = 0, $x(0) = C_1 + C_2$, sendo $C_1 = x(0) - C_2$;

$\dot{x}(t)$ para t = 0, $\dot{x}(0) = q_1C_1 + q_2C_2$, sendo, $\dot{x}(0) = q_1\,[x(0) - C_2] + q_2C_2$;

$\dot{x}(0) = q_1x(0) - q_1C_2 + q_2C_2 = q_1x(0) + (q_2 - q_1)C_2$.

$$C_2 = \frac{\dot{x}(0) - q1x(0)}{q2 - q1} = \frac{-x(0)\omega n(\xi - \sqrt{\xi^2 - 1}) - \dot{x}(0)}{2\omega n\sqrt{\xi^2 - 1}}$$

$$C_1 = x(0) - \frac{\dot{x}(0) - q1x(0)}{q2 - q1} = \frac{q2x(0) - q1x(0) - \dot{x}(0) + q1x(0)}{q2 - q1}$$

$$C_1 = \frac{x(0)q2 - \dot{x}(0)}{q2 - q1} = \frac{x(0)\omega n(\xi + \sqrt{\xi^2 - 1}) - \dot{x}(0)}{2\omega n\sqrt{\xi^2 - 1}}$$

Reescrevendo-se a Equação (3.10) para a resposta do sistema superamortecido, tem-se

$$x(t) = C_1e^{q1t} + C_2e^{q2t}$$

$$x(t) = C_1e^{(-\xi + \sqrt{\xi^2 - 1})\omega nt} + C_2e^{(-\xi - \sqrt{\xi^2 - 1})\omega nt} \tag{3.11}$$

Caso subamortecido ($\xi < 1$)

Reescrevendo-se a Expressão Geral (3.10),

$$x(t) = e^{-\xi\omega nt}\,[C_1e^{(+\sqrt{\xi^2 - 1})\omega nt} + C_2e^{(-\sqrt{\xi^2 - 1})\omega nt}].$$

A frequência natural amortecida é dada por $\omega a = \sqrt{1 - \xi^2}\ \omega n$.

Fórmula de Euler, $e^{i\theta} = \cos\theta \pm i\mathrm{sen}\theta$, trabalhando com a frequência natural amortecida.

$$x(t) = e^{-\xi\omega nt}\,\{C_1[\cos(\omega at) + i\mathrm{sen}(\omega at)] + C_2[\cos(\omega at) - i\mathrm{sen}(\omega at)]\}$$

$$x(t) = e^{-\xi\omega nt}\,\{[C_1 + C_2]\cos(\omega at) + i[C_1 - C_2]\mathrm{sen}(\omega at)\}$$

$$C_1 + C_2 = B',\ i[C_1 - C_2] = A'$$

$$x(t) = e^{-\xi\omega nt}\,[A'\mathrm{sen}(\omega at) + B'\cos(\omega at)] \tag{3.12}$$

Para t = 0, x(t) = x(0) = B'.

A expressão de velocidade

$$\dot{x}(t) = -\xi\omega n\ e^{-\xi\omega nt}[A'\mathrm{sen}(\omega at) + B'\cos(\omega at)] + e^{-\xi\omega nt}\,[A'\omega a\cos(\omega at) - B'\omega a\mathrm{sen}(\omega at)]$$

para t = 0, $\dot{x}(t) = \dot{x}(0) = -\xi\omega nB' + A'\omega a$

$$A' = [\dot{x}(0) + \xi\omega n x(0)] / \omega a$$

$$A' = \frac{\dot{x}(0)}{\sqrt{1-\xi^2}\,\omega n} + \frac{\xi\omega n x(0)}{\sqrt{1-\xi^2}\,\omega n} = \frac{\dot{x}(0) + \xi\omega n x(0)}{\sqrt{1-\xi^2}\,\omega n} = \frac{\frac{\dot{x}(0)}{\omega n} + \xi x(0)}{\sqrt{1-\xi^2}}$$

A amplitude (X) e o ângulo de fase (φ) são grandezas que podem ser encontradas pelas condições iniciais.

$$X = \sqrt{B'^2 + A'^2} = X = \sqrt{x(0)^2 + \left(\frac{\frac{\dot{x}(0)}{\omega n} + \xi x(0)}{\sqrt{1-\xi^2}}\right)^2} \quad (3.13)$$

$$\text{tang}\,\varphi = \frac{x(0)}{\left(\frac{\frac{\dot{x}(0)}{\omega n} + \xi x(0)}{\sqrt{1-\xi^2}}\right)^2} = \frac{\sqrt{1-\xi^2}\,x(0)}{\frac{\dot{x}(0)}{\omega n} + \xi x(0)} = \frac{\omega a\, x(0)}{\dot{x}(0) + \xi\omega n x(0)} \quad (3.14)$$

O período de vibração amortecida, $T_a = \frac{2\pi}{\omega a}$.

A resposta do sistema subamortecido. Da Equação (3.12),

$$x(t) = e^{-\xi\omega nt}\left[x(0)\cos(\omega at) + \left(\frac{\frac{\dot{x}(0)}{\omega n} + \xi x(0)}{\sqrt{1-\xi^2}}\right)\text{sen}(\omega at)\right] \quad (3.15)$$

A Equação (3.15) pode ser escrita como

$$x(t) = Xe^{-\xi\omega nt}\,\text{sen}(\omega at + \varphi) \quad (3.16)$$

Caso amortecido criticamente (ξ = 1)

Retornando a Expressão Geral (3.9),

$$x(t) = C_1 e^{(-\xi + \sqrt{\xi^2 - 1})\omega nt} + C_2 e^{(-\xi - \sqrt{\xi^2 - 1})\omega nt}$$

Dado que ξ = 1, as raízes s_1 e s_2 serão iguais; $s_1 = s_2 = -\xi\omega n$.

Para o caso *subamortecido*, a solução pode ser reescrita como

$$x(t) = e^{-\xi\omega nt}\,[x(0)\cos(\omega at) + \frac{\dot{x}(0) + \xi\omega n x(0)}{\omega a}\,\text{sen}(\omega at)].$$

Fazendo[1]

$\xi \rightarrow 1$; $\omega n \rightarrow 0$; cos (ωat) $\rightarrow 1$; sen(ωat) $\rightarrow \omega at$ ($\theta \sim 0$, $\cos\theta = 1$, $\text{sen}\theta = \theta$)

$$x(t) = e^{-\omega nt}\left[x(0).1 + \frac{\dot{x}(0) + \omega n x(0)}{\omega a}\,\omega at\right]$$

$$x(t) = e^{-\omega nt}\{C_1 + [\dot{x}(0) + \omega n.x(0)]t\}$$

$$x(t) = e^{-\omega nt}[C_1 + C_2 t]$$

$$C_1 = x(0)$$

$$C_2 = \dot{x}(0) + \omega n.x(0)$$

A resposta do sistema amortecido criticamente é $x(t) = e^{-\omega nt}[C_1 + C_2 t]$.

Exemplo 3.1

Um sistema massa-mola-amortecedor com frequência natural de 6 rad/s é deslocado 0,07 m de sua posição inicial e solto. Queremos traçar os gráficos de deslocamento x tempo que registram os comportamentos para os casos:

a) amortecido criticamente ($\xi = 1$);
b) superamortecido ou supercrítico ($\xi = 2{,}0$);
c) subamortecido ou subcrítico ($\xi = 0{,}1$).

a) Amortecido criticamente

$$x(t) = (C1 + C2t)e^{-\omega nt}\text{, ou } [x(0) + x(0)\omega nt]e^{-\omega nt}$$

Para t = 0, o deslocamento inicial é x(0) = 0,07 m, 70 mm

$x(0)\omega n = 0{,}07.6 = 0{,}42$ m/s. A solução geral fica:

$$x(t) = [0{,}07 + 0{,}42t]e^{-6t}$$

Fazendo t variar a partir de zero, obtemos o gráfico deslocamento x tempo, Figura 3.2.

b) Superamortecido

$$x(t) = C_1 e^{(-\xi + \sqrt{\xi^2 - 1})\omega nt} + C_2 e^{(-\xi - \sqrt{\xi^2 - 1})\omega nt}$$

Os expoentes ficam:

$$(-2 + \sqrt{4 - 1}).6 = -1{,}6$$

1 RAO (2008, p. 67).

$$(-2 - \sqrt{4-1}).6 = -22{,}4$$

$$x(t) = C_1e^{-1{,}6t} + C_2e^{-22{,}4t}$$

Para as condições iniciais, t = 0,

$$x(0) = 0{,}07 = C_1 + C_2,\ C_1 = 0{,}07 - C_2.$$

Para determinarmos C_2, derivamos a expressão de deslocamento

$$\dot{x}(t) = -1{,}6C_1e^{-1{,}6t} - 22{,}4C_2e^{-22{,}4t}.$$

Fazendo t = 0,

$$-1{,}6C_1 - 22{,}4C_2 = 0$$

$$-1{,}6(0{,}07 - C_2) - 22{,}4C_2 = 0,\ C_2 = -0{,}00538,\ C_1 = 0{,}07538$$

A solução geral fica:

$$x(t) = 0{,}07538e^{-1{,}6t} - 0{,}00538e^{-22{,}4t}.$$

Fazendo t variar a partir de zero, obtemos os gráficos deslocamento x tempo.

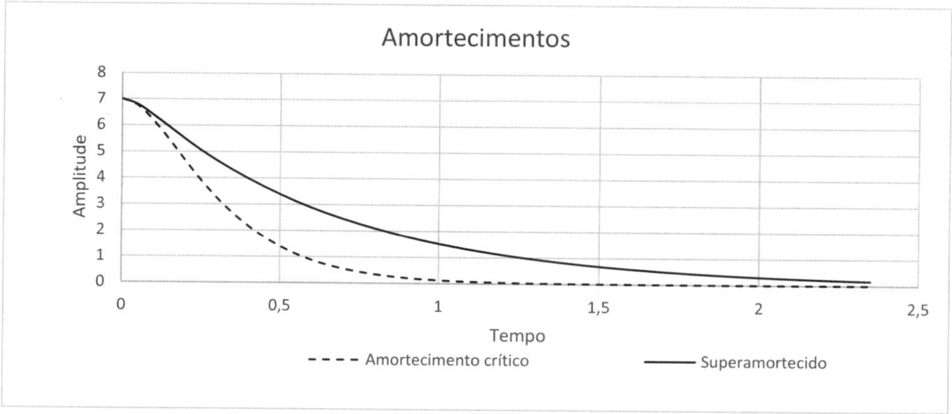

Figura 3.2 – Gráficos dos comportamentos crítico e superamortecido ou supercrítico.

c) Subamortecido

$$x(t) = e^{-\xi\omega nt}\,[A'sen(\omega at) + B'cos(\omega at)]$$

$$\omega a = \sqrt{1-\xi^2}\ \omega n = 5{,}97\ [rad/s]$$

Condição inicial, deslocamento para t = 0:

$$x(0) = B' = 0{,}07m.$$

Quando o deslocamento é máximo, a velocidade é zero. Para t = 0:

$$A' = [\dot{x}(0) + \xi\omega n.x(0)]/\omega a, \; A' = 0{,}00703 \text{ m}.$$

A solução geral fica:

$$x(t) = e^{-0{,}6t}\,[0{,}00703\text{sen}(5{,}97t) + 0{,}07\cos(5{,}97t)].$$

O período da vibração amortecida: $T = \frac{2\pi}{\omega a}$. Escolhendo os tempos de meio em meio período amortecido, encontramos os picos do gráfico.

Fazendo t variar a partir de zero, obtemos o gráfico deslocamento x tempo.

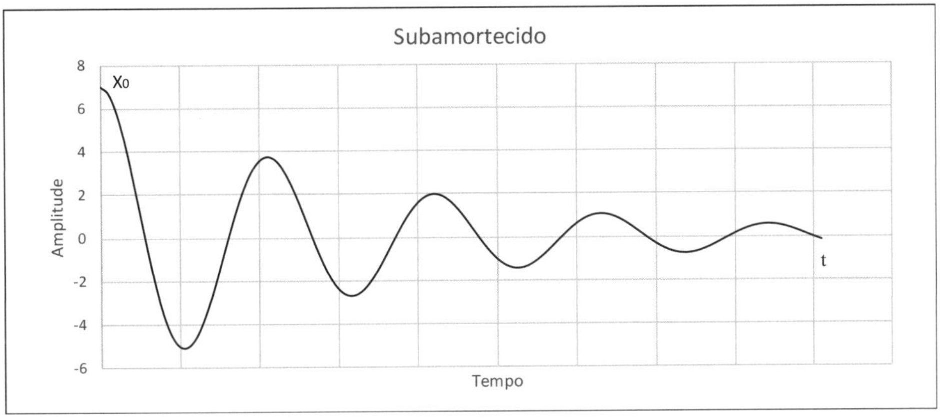

Figura 3.3 – Gráfico do comportamento subamortecido.

3.2 CONDIÇÕES DE ESTABILIDADE DO MOVIMENTO – DIAGRAMA DAS RAÍZES

O sistema é chamado *estável* quando as raízes s_1 e s_2 localizam-se no trecho esquerdo do plano complexo, no chamado semiplano esquerdo (SPE). Nessa condição, depois de iniciado o movimento, a vibração cessa após um intervalo de tempo.

O sistema é chamado *instável* quando as raízes s_1 e s_2 localizam-se no trecho direito do plano complexo, no chamado semiplano direito (SPD), e essa é a condição de ressonância, quando as amplitudes crescem exponencialmente no tempo.

O sistema é chamado *marginalmente estável* quando suas raízes s_1 e s_2 estão localizados no eixo imaginário, sendo positivas e negativas.

O diagrama é construído a partir da expressão de raízes; são traçados os eixos real e imaginário, e, a partir de seu cruzamento, o raio do semicírculo tem a grandeza da frequência natural não amortecida.

$$s_{1,2} = (-\xi + \sqrt{\xi^2 - 1})\ \omega n = -\xi\omega n \pm \sqrt{\xi^2 - 1}\ \omega n$$

Quando o sistema em vibração livre é não amortecido, $\xi = 0$, como visto no Capítulo 1, Equação (1.3), as raízes s_1 e $s_2 = \pm\ i\omega n$ estarão localizadas no eixo imaginário.

Para o caso subamortecido, $0 < \xi < 1$, teremos duas raízes s_1 e s_2 que serão complexas conjugadas, representadas nos eixos real e imaginário.

Na medida em que ξ tende a 1, as raízes s_1 e s_2 caminham no eixo real, tendendo ao raio, e, quando $\xi = 1$, s_1 e $s_2 = -\omega n$, localizam-se no raio do semicírculo.

Quando $\xi > 1$, as raízes estarão localizadas no eixo real, e, à medida que ξ aumenta, ambas se distanciam no eixo.

As raízes s_1 e s_2 denominam-se polos e zeros, e podem ser reais e complexas. A Figura 3.4 denomina-se plano *s*, e os polos e zeros são representados nesse plano por $s = \sigma \pm i\omega$, sendo σ os zeros no eixo real representado por (o) e os polos representados por (*x*) no eixo imaginário.

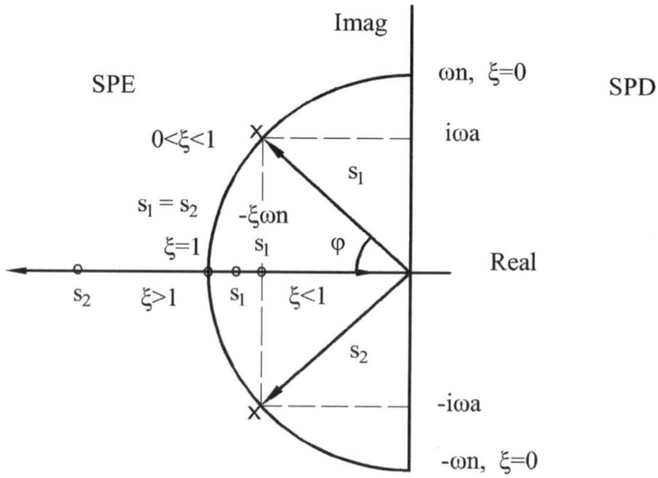

Figura 3.4 – Diagrama de lugares geométricos de raízes.

Exemplo 3.2

Um sistema massa-mola-amortecedor é deslocado uma medida x de sua posição de equilíbrio e solto. Considerando-se a massa de 2 kg, a mola com constante de rigidez de 200 N/m, traçar diagrama de lugares geométricos das raízes levando em conta os coeficientes de amortecimento viscoso iguais a

a) c = 16 Ns/m;

b) c = 40 Ns/m;

c) c = 48 Ns/m.

$$\xi = \frac{C}{Cc} = \frac{C}{2m\omega n} \quad \omega n = \sqrt{\frac{k}{m}} = 10 \text{ rad/s}, \; s_{1,2} = -\xi\omega n \pm \sqrt{\xi^2 - 1}\,\omega n$$

a) Caso subamortecido:

$$\xi = \frac{16}{2.2.10} = 0{,}4$$

$$s_{1,2} = -4 \pm \sqrt{16 - 100} = -4 \pm \sqrt{-84} = -4 \pm i9{,}16.$$

$\sigma = -\xi\omega n = -4$ = polo (o), eixo real e negativo (SPE), sistema estável;

$\pm\sqrt{\xi^2 - 1}\,\omega n = \pm\, i\omega a = \pm\, i9{,}16$ = zeros (*x*), eixo imaginário.

$$\text{Ângulo de fase } \varphi = tg^{-1}\frac{\omega a\, x(0)}{\dot{x}(0) + \xi\omega n x(0)} = tg^{-1}\frac{\omega a}{\xi\omega n} = tg^{-1}\frac{9{,}16}{4} = 66{,}4^0$$

b) Caso amortecido criticamente, para c = 40 Ns/m, $\xi = 1{,}0$:

$$s_{1,2} = \sigma = -\xi\omega n = -10 = \text{polo (o) (SPE).}$$

c) Caso superamortecido, para c = 48 Ns/m, $\xi = 1{,}2$:

$$s_{1,2} = -12 \pm \sqrt{1{,}2^2 - 1}.10 = -12 \pm 6{,}63,\; s_1 = -5{,}37,\; s_2 = -18{,}63 \text{ polos (o) (SPE).}$$

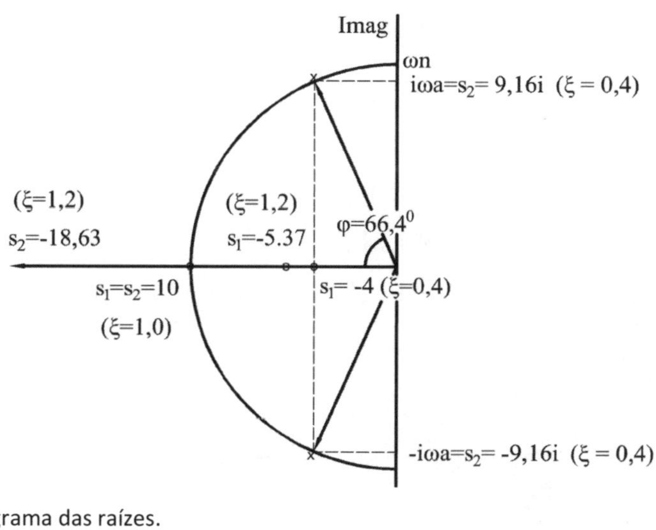

Figura 3.5 – Diagrama das raízes.

Exemplo 3.3

A estrutura com uma plataforma de massa 50 kg, rigidez total dos pilares 16.000 N/m, constante de amortecimento 90 Ns/m, está submetida a vibração livre. Queremos determinar a posição e a velocidade da plataforma quando t = 1,0 s, considerando-se sem e com amortecimento, sendo dadas as condições iniciais. x(0) = 0,04 m e $\dot{x}$ = 0,715 m/s.

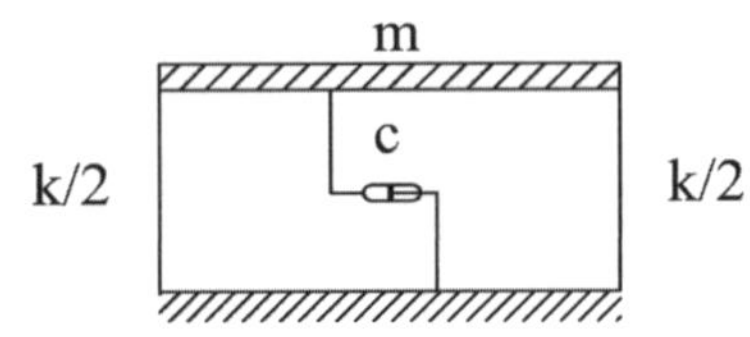

Figura 3.6 – Plataforma em vibração livre amortecida.

Sistema não amortecido

$$\omega n = \sqrt{\frac{k}{m}} = \sqrt{\frac{16.000}{50}} = 17{,}89 \text{ rad/s},\ T = \frac{2\pi}{\omega n} = 0{,}35s$$

$$x(t) = A\text{sen}(\omega nt) + B\cos(\omega nt) = X\cos(\omega nt + \varphi)$$

Para t = 0, x(0) = B = 0,04 m

$$\dot{x}(t) = A\omega n\cos(\omega nt) - B\omega n\text{sen}(\omega nt)$$

Para t = 0, $\dot{x}(0) = 0{,}715 = A\omega n,\ A = \dfrac{0{,}715}{17{,}89} = 0{,}04$ m

$$\dot{x}(0) = 0{,}04.17{,}89 = 0{,}715 \text{ m/s}$$

Amplitude do movimento, $X = \sqrt{A^2 + B^2} = 0{,}0565\text{m},\ \varphi = \text{tang}^{-1}\dfrac{\dot{x}(0)}{\omega n x(0)} = \text{tang}^{-1}\dfrac{A}{B}$ $= 45^0$

Para t = 1,0s, $x(t) = 0{,}04\text{sen}(17{,}89t) + 0{,}04\cos(17{,}89t) = -\ 0{,}98.10^{-3}$ m;

para t = 1,0s, $\dot{x}(t) = 0{,}715\cos(17{,}89t) - 0{,}715\text{sen}(17{,}89t) = -\ 0{,}175$ m/s.

Sistema amortecido

$$\xi = \frac{C}{Cc} = \frac{C}{2m\omega n} = = 0{,}05,\ \omega a = \sqrt{1-\xi^2}\ \omega n = \sqrt{1-0{,}05^2}.17{,}89 = 17{,}86 \text{ rad/s}$$

Para o caso subamortecido,

$$x(t) = e^{-\xi\omega nt}\,[A'\text{sen}(\omega at) + B'\cos(\omega at)];$$

para t = 0, x(0) = B' = 0,04 m,

$$A' = [\dot{x}(0) + \xi\omega n.x(0)]/\omega a = 0{,}75078/17{,}86 = 0{,}042 \text{ m}$$

Para t = 0, $\dot{x}(0) = -\xi\omega nB' + A'\omega a = 0{,}714$ m/s;

para t = 1s, $x(t) = e^{-0{,}89445t}\,[0{,}042sen(17{,}86t) + 0{,}04cos(17{,}86t)] = -0{,}00537$ m = 5,37 mm.

$\dot{x}(t) = -\xi\omega n\; e^{-\xi\omega nt}[A'sen(\omega at) + B'cos(\omega at)] + e^{-\xi\omega nt}\,[A'\omega acos(\omega at) - B'\omega asen(\omega at)]$

$\dot{x}(t) = 0{,}0048054 + 0{,}412465 = 0{,}417$ m/s

Exemplo 3.4

Uma barra com massa desconsiderada de comprimento L = 1,0 m está articulada em "O", tendo em outra extremidade uma esfera de massa 20 kg. A barra é suportada por uma mola de rigidez k = 6.000 N/m, distante a = 0,75 m da articulação, e um amortecedor de constante c = 100 Ns/m, localizado por b = 0,5 m. A barra é deslocada e solta. Queremos determinar a frequência natural amortecida e o fator de amortecimento.

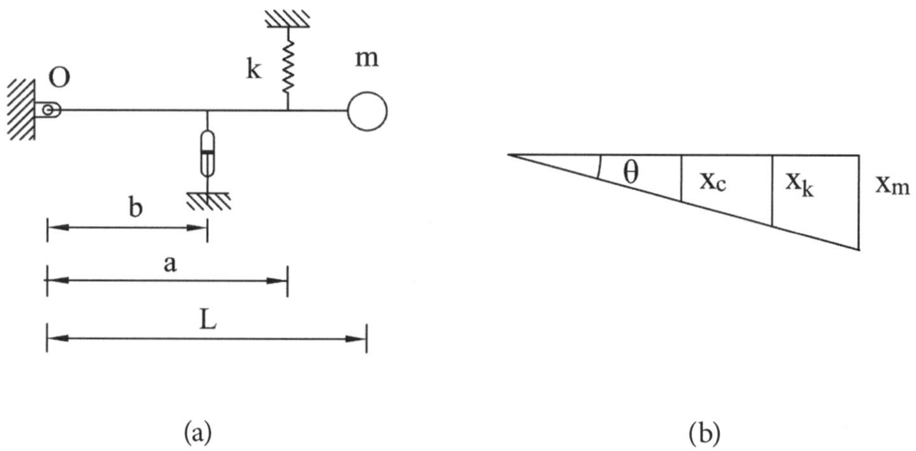

Figura 3.7 – Barra articulada amortecida.

Representando a mola e o amortecedor acoplados à massa, teremos a modelagem massa-mola-amortecedor. Seus equivalentes serão

$$k_{equiv.} = \frac{k.a^2}{L^2} = \frac{6.000.0{,}75^2}{1^2} = 3375 \text{ N/m}$$

$$c_{equiv} = \frac{c.b^2}{L^2} = \frac{100.0{,}5^2}{1^2} = 25 \text{ Ns/m}$$

A frequência natural não amortecida, $\omega n = \sqrt{\dfrac{k_{equiv}}{m}} = \sqrt{\dfrac{3375}{20}} = 12{,}99$ rad/s.

O fator de amortecimento, $\xi = \dfrac{c_{equiv}}{c_c} = \dfrac{c_{equiv}}{2m\omega n} = \dfrac{25}{2.20.12{,}99} = 0{,}048$.

A frequência natural amortecida, $\omega a = \sqrt{1-\xi^2}\,\omega n = \sqrt{1-0{,}048^2}\,12{,}99 = 12{,}97$ rad/s.

Solução por Newton e tomando-se as constantes k e c não equivalentes.

A barra deslocada x de sua posição de equilíbrio produz os deslocamentos dos componentes por meio da Figura 3.7(b).

$$x_C = \theta b,\ x_k = \theta a,\ x_m = \theta L$$

Os termos de velocidade e aceleração decorrentes, $\dot{x}_C = \dot{\theta} b$, $\ddot{x}_m = \ddot{\theta} L$.

A somatória dos momentos das forças em relação à articulação,

$$\Sigma M_O = F_i L + F_C b + F_k a = 0$$

$$\Sigma M_O = 20\ddot{\theta}.1^2 + 100\dot{\theta}.0,5^2 + 6.000\theta.0,75^2 = 20\ddot{\theta} + 25\dot{\theta} + 3.375\theta = 0\ (\div\ 20)$$

$$\ddot{\theta} + 1,25\dot{\theta} + 168,75\theta = 0.$$

As raízes serão:

$$s_{1,2} = \frac{-\ 1,25 \pm \sqrt{1,25^2 - 675}}{2} = -\ 0,625 \pm i12,97.$$

ωa = 12,97 rad/s, para a determinação da frequência natural sem amortecimento, eliminamos o termos de amortecimento relacionado com a velocidade, e a equação diferencial fica escrita

$$\ddot{\theta} + 168,75\theta = 0,\ \omega n = \sqrt{168,75} = 12,99 \text{ rad/s}$$

3.3 DETERMINAÇÃO DO FATOR DE AMORTECIMENTO PELO DECREMENTO LOGARÍTMICO

Para o caso subamortecido, as amplitudes máximas X_0, X_1, X_2,...X_n, X_{n+1} correspondem aos deslocamentos máximos sucessivos do sistema. Queremos provar que o logaritmo natural (ln) entre duas amplitudes máximas sucessivas equivale a:

$$\ln = \frac{X_n}{X_{n+1}} = \frac{2\pi\xi}{\sqrt{1-\xi^2}}.$$

O gráfico representando o movimento de um sistema subamortecido é da forma:

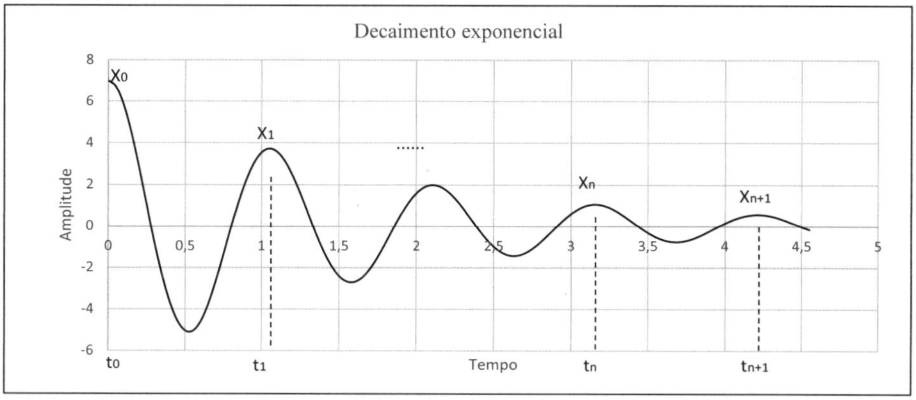

Figura 3.8 – Decaimento exponencial das amplitudes.

A equação que rege o comportamento de um sistema subamortecido pode ser escrita na forma:

$$x(t) = Xe^{-\xi\omega nt}\,\text{sen}(\omega nt+\varphi),$$

onde:

X = amplitude do movimento;

$e^{-\xi\omega nt}$ = decaimento exponencial da amplitude.

Para um tempo tn, a amplitude máxima correspondente será Xn, onde $Xn = Xe^{-\xi\omega ntn}$;

para um tempo tn+1, a amplitude máxima correspondente será Xn+1, onde:

$$Xn+1 = Xe^{-\xi\omega ntn+1}$$

Entre o tempo tn e o tempo posterior tn+1, decorre um período tal que:

$tn+1 - tn = T_a = \dfrac{2\pi}{\omega a}$, T_a = período do sistema amortecido.

A razão entre deslocamentos máximos sucessivos é dada por:

$$\frac{Xn}{Xn+1} = \frac{Xe^{-\xi\omega ntn}}{Xe^{-\xi\omega n(tn+1)}} = e^{-\xi\,\omega n(tn-tn+1)} = e^{\xi\omega n(tn+1\,-\,tn)}\text{, lembrando: } \frac{e^a}{e^b} = e^{a-b}$$

$$\frac{Xn}{Xn+1} = e^{\xi\omega n(2\pi/\omega a)}\text{, portanto, } \ln\frac{Xn}{Xn+1} = \frac{2\pi}{\omega a}\,\xi\omega n.$$

Podemos escrever:

$$\ln \frac{X_n}{X_{n+1}} = \frac{2\pi\xi}{\sqrt{1-\xi^2}} \quad (3.17)$$

Queremos também uma expressão para a determinação do fator de amortecimento, levando em conta amplitudes não sucessivas. Considere a razão entre amplitudes:

$$\frac{X_0}{X_1} = \frac{X_1}{X_2} = \frac{X_2}{X_3} = \frac{Xn-1}{Xn} = e^{\beta}, \text{ sendo } \beta = \ln \frac{X_0}{X_1} = \ldots$$

β = logaritmo natural de amplitudes sucessivas.

A razão entre duas amplitudes defasadas κ (kapa) ciclos pode ser escrita:

$$\frac{Xn}{Xn\kappa} = \frac{X_0}{X_1} = \frac{X_1}{X_2} = \ldots, \text{ de onde se obtém}$$

$$\frac{1}{\kappa} \ln \frac{Xn}{Xn\kappa} = \frac{2\pi\xi}{\sqrt{1-\xi^2}},$$

onde:

κ = número de ciclos considerados;

Xnκ = amplitude do κ-ésimo ciclo.

Exemplo 3.5

Em um sistema massa-mola-amortecedor foram medidas as amplitudes máximas sucessivas: 62,5; 50; 40; 32; 25,6; 20,48; ... mm. Determinar o fator de amortecimento do sistema, considerando-se:

a) amplitudes sucessivas;
b) amplitudes decorridos 4 ciclos (κ = 4).

a) Considerando-se quaisquer amplitudes, desde que sucessivas:

$$\ln \frac{62{,}5}{50} = 0{,}223 = \frac{2\pi\xi}{\sqrt{1-\xi^2}},\ 1-\xi^2 = 793{,}87\xi^2,\ \xi = 0{,}035.$$

b) Considerando-se quaisquer amplitudes, desde que decorridos 4 ciclos:

$$\frac{1}{4} \ln \frac{50}{20{,}48} = 0{,}223 = \frac{2\pi\xi}{\sqrt{1-\xi^2}},\ \xi = 0{,}035.$$

3.4 ENERGIA DISSIPADA NO AMORTECIMENTO VISCOSO

No amortecimento viscoso, com um sistema descrevendo um movimento harmônico simples cuja resposta é dada por x(t) = Xsen(ωat), sendo X a amplitude e ωa, a frequência natural amortecida, a energia dissipada em um ciclo de seu movimento é dada pela variação de energia no tempo.

Trabalho = força x deslocamento $\Gamma = Fa.x$,

$$\frac{\Delta\Gamma}{\Delta t} = \frac{\Delta E}{\Delta t} = \frac{dE}{dt} = \frac{dFax}{dt}$$

$$Fa = -cv, \frac{Fadx}{dt} = -cv. \frac{dx}{dt} = -c\left(\frac{dx}{dt}\right)^2.$$

A variação de energia durante um ciclo cujo período é $T_a = \frac{2\pi}{\omega a}$,

$$E_{dissip} = \int_0^{Ta} c\left(\frac{dx}{dt}\right)^2 dt \tag{3.18}$$

$$x(t) = Xsen(\omega at),$$

$$\frac{dx}{dt} = X\omega a\cos(\omega at)$$

$$E_{dissip} = \int_0^{\frac{2\pi}{\omega a}} X^2\omega a^2\cos^2(\omega at)dt$$

$$E_{dissip} = cX^2\omega a^2 \int_0^{\frac{2\pi}{\omega a}} \cos^2(\omega at)dt$$

Resolvendo a integral nesse intervalo de tempo,

$$\int_0^{\frac{2\pi}{\omega a}}\cos^2(\omega at)dt = \frac{Ta}{2} = \frac{\frac{2\pi}{\omega a}}{2} = \frac{\pi}{\omega a}, \ sen(0, 2\pi) = 0$$

$$E_{dissip} = \pi cX^2\omega a \tag{3.19}$$

3.5 AMORTECIMENTO COULOMB

O amortecimento Coulomb ocorre devido ao atrito seco entre duas superfícies. A força de atrito é dada por $F_f = \mu N$, em que μ é o coeficiente de atrito dinâmico e N é a força normal.

Em um sistema massa-mola oscilando em comportamento harmônico submetido ao atrito seco, o gráfico que representa seu comportamento é similar ao do amortecimento viscoso, porém, o decaimento das amplitudes já não será mais exponencial, e, sim, linear, representado por uma linha reta inclinada, tangenciando os picos de onda, os quais terão um decréscimo de $4\frac{F_f}{k}$ ou $\frac{4\mu N}{k}$ por cada ciclo.

No caso de amortecimento viscoso, a frequência de oscilação é a frequência natural amortecida ωa, porém, no amortecimento Coulomb, a frequência de oscilação é a frequência natural ωn. O coeficiente linear viscoso equivalente corresponde a um amortecedor viscoso hipotético que dissipa a mesma energia em cada ciclo, e, nesse sentido, a energia dissipada no amortecimento viscoso hipotético estará em função de ωn.

A análise para o amortecimento Coulomb se dá para cada meio ciclo, entre duas posições de deslocamento máximo, entre os tempos, portanto, de meio período, de 0 até $\frac{\pi}{\omega n}$, e entre $\frac{\pi}{\omega n}$ até $\frac{2\pi}{\omega n}$, para completar o ciclo.

São dadas as figuras (a), (b) e (c):

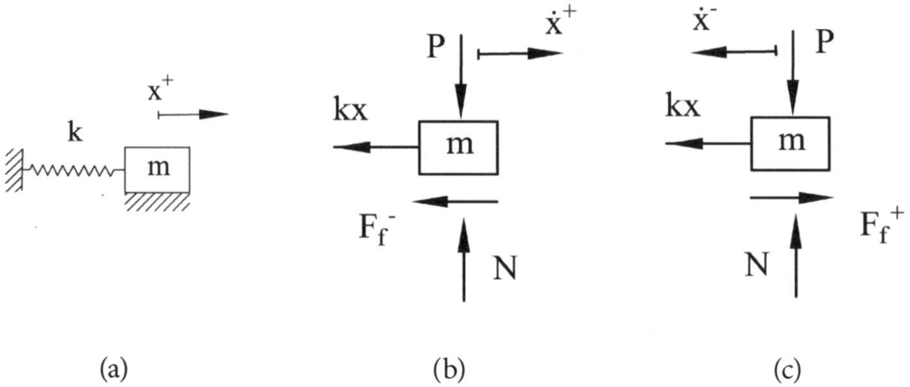

Figura 3.9 – Forças decorrentes do atrito entre duas superfícies.

Considerando a massa da Figura 3.9(a) deslocando-se para a direita com velocidade positiva ($\dot{x} > 0$), a força de atrito será negativa, Figura 3.9(b). Quando o bloco se desloca para a esquerda, Figura 3.9(c), a velocidade será negativa ($\dot{x} < 0$), e a força de atrito será positiva. O sentido da força de atrito está em oposição ao sentido da velocidade.

Uma vez que a força de atrito se apresenta em dois sentidos, serão necessárias duas equações diferenciais não homogêneas para representar seus movimentos.

Da Figura 3.9(b):

$$m\ddot{x} = -kx - F_f,\ m\ddot{x} + kx = -F_f\ (\div k),\ \ddot{x} + \omega n^2 x = -\frac{F_f}{k} \tag{3.20}$$

Da Figura 3.9(c):

$$m\ddot{x} = -kx + F_f,\ m\ddot{x} + kx = F_f\ (\div k),\ \ddot{x} + \omega n^2 x = -\frac{F_f}{k} \tag{3.20}$$

A solução geral dessas equações, como veremos no Capítulo 4, é composta de duas soluções: a solução complementar (xc) e a solução particular (xp).

$$x(t) = x(c) + x(p)$$

$$x(t) = A\text{sen}(\omega nt) + B\cos(\omega nt) + C$$

Para as duas condições, as equações diferenciais ficam:

$$x(t) = A_1\text{sen}(\omega nt) + A_2\cos(\omega nt) - \frac{F_f}{k}\ (\dot{x} \geq 0) \tag{3.22}$$

$$x(t) = B_1\text{sen}(\omega nt) + B_2\cos(\omega nt) + \frac{F_f}{k}\ (\dot{x} < 0) \tag{3.23}$$

Os termos A_1 e A_2 são constantes que dependem das condições iniciais do movimento para a direita, e B_1 e B_2, *idem* para o movimento à esquerda.

Deslocando-se o bloco para a direita e soltando-o, este passa a se mover para a esquerda, e a Equação (3.23) fica:

Para $t = 0$, $x(0) = B_2 + \frac{F_f}{k}$; $B_2 = x(0) - \frac{F_f}{k}$.

Para $t = 0$, $\dot{x}(0) = B_1\omega n\cos(\omega nt) = 0$, $B_1\omega n = 0$, $\omega n = \text{cte}$, $B_1 = 0$.

A Equação de deslocamento (3.23) fica reescrita

$$x(t_1) = \left[x(0) - \frac{F_f}{k}\right]\cos(\omega nt) + \frac{F_f}{k} \tag{3.24}$$

Considerando-se meio ciclo, $x(t_1) = x\left(\frac{\pi}{\omega n}\right)$ e reescrevendo-se a Equação (3.23),

$$x(t_1) = x\left(\frac{\pi}{\omega n}\right) = -\left[x(0) - \frac{F_f}{k}\right] + \frac{F_f}{k} = -x(0) + 2\frac{F_f}{k} \tag{3.25}$$

$$\dot{x}(t_1) = \dot{x}\left(\frac{\pi}{\omega n}\right) = B_1\omega n\cos(\omega nt_1) = 0,\ \dot{x}\left(\frac{\pi}{\omega n}\right) = 0$$

O bloco atinge sua posição máxima à esquerda e, a partir das duas condições iniciais $x(t_1)$ e $\dot{x}(t_1)$, começa seu movimento para a direita, descrevendo o segundo meio ciclo. A Equação (3.22) reescrita:

$$x(t_1) = A_1\text{sen}(\omega nt) + A_2\cos(\omega nt) - \frac{F_f}{k}$$

$$x(t_1) = x\left(\frac{\pi}{\omega n}\right) = -A_2 - \frac{F_f}{k} \tag{3.26}$$

$$\dot{x}(t_1) = \dot{x}\left(\frac{\pi}{\omega n}\right) = A_1\omega n\cos(\omega nt) - A_2\omega n\text{sen}(\omega nt) = - A_1\omega n = 0,\ \omega n = \text{cte},\ A_1 = 0.$$

Das Equações (3.25) e (3.26):

$$- x(0) + 2\frac{F_f}{k} = - A_2 - \frac{F_f}{k},\ A_2 = x(0) - 3\frac{F_f}{k}.$$

A Equação (3.22) é aplicada no segundo meio ciclo, atingindo o deslocamento máximo ao completá-lo, onde $t = \frac{2\pi}{\omega n}$, ou seja, o período.

$$x(t_2) = x\left(\frac{2\pi}{\omega n}\right) = A_2\cos(\omega nt) - \frac{F_f}{k} = [x(0) - 3\frac{F_f}{k}]\cos\left(\frac{2\pi}{\omega n}\right) - \frac{F_f}{k}$$

$$x(t_2) = x(0) - 4\frac{F_f}{k}$$

$4\frac{F_f}{k}$ representa o decaimento da amplitude a cada ciclo. Para cada meio ciclo, $2\frac{F_f}{k}$. O movimento do bloco cessa em uma de suas posições extremas dentro da faixa de deslocamento, $-\frac{F_f}{k} \leq x \leq \frac{F_f}{k}$. O movimento é representado graficamente na Figura 3.10.

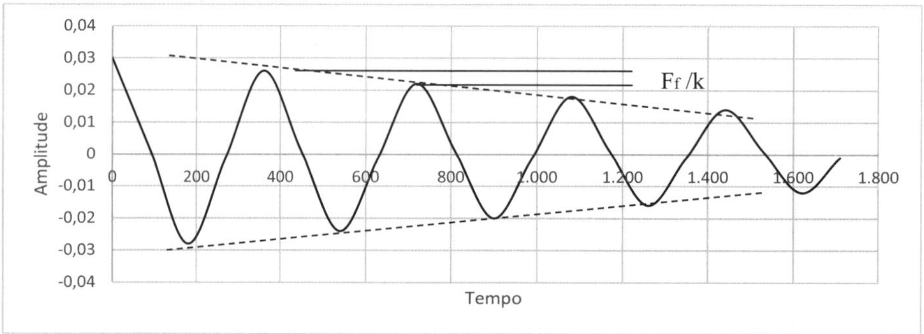

Figura 3.10 – Gráfico de comportamento do amortecimento Coulomb.

A energia dissipada em um ciclo é dada por

$$E_{dissip} = 4\mu NX \tag{3.27}$$

Igualando a Equação (3.27) com a Equação de amortecimento viscoso (3.19), encontramos o coeficiente de amortecimento viscoso equivalente, o qual representa o coeficiente de amortecimento que dissipa a mesma energia por ciclo de oscilação.

$$\pi CX^2\omega n = 4\mu NX \tag{3.28}$$

$$C_{equiv.} = \frac{4\mu N}{\omega n \pi X}$$

O fator de amortecimento equivalente:

$$\xi_{equiv.} = \frac{\frac{4\mu N}{\omega n \pi X}}{2m\omega n} = \frac{2\mu N}{\pi X m \omega n^2}, \text{ sendo } m = \frac{k}{\omega n^2},$$

$$\xi_{equiv.} = \frac{2\mu N}{\pi X k}.$$

Tabela 3.1 – Valores de coeficientes de atrito μ

	Na partida			Em movimento		
Material dos corpos em contato	A seco	Com óleo	Com água	A seco	Com óleo	Com água
Aço sobre aço	0,15	0,10	–	0,10	0,05	–
Aço sobre bronze	0,20	0,10	–	0,16	0,05	–
Metal sobre madeira	0,60 a 0,50	0,10	–	0,50 a 0,20	0,08 a 0,02	0,26 a 0,22
Madeira sobre madeira	0,65	0,20	0,70	0,40 a 0,20	0,16 a 0,04	0,25

Fonte: Groehs (2001), p. 16.

Exemplo 3.6

Um sistema massa-mola tem massa do bloco de 5 kg e rigidez da mola 5.000 N/m. O bloco está sobre uma superfície onde o coeficiente de atrito entre ambos é $\mu = 0{,}1$, sendo o bloco deslocado inicialmente em 0,03 m e solto com velocidade inicial zero. Queremos determinar o número de ciclos (n) de oscilação do bloco até sua parada, o coeficiente de amortecimento viscoso equivalente ($C_{equiv.}$) e a energia dissipada por ciclo.

A força de atrito é $F_f = \mu N = 0{,}1.5.9{,}81 = 4{,}905$ N.

O movimento cessa quando a força de mola for igual ou menor que a força de atrito,

$$F_k \leq F_f.$$

A amplitude do bloco no cessar do movimento,

$$kX \leq F_f,\ X = \frac{F_f}{k} = \frac{4{,}905}{5.000} = 0{,}981.10^{-3} \text{ m}.$$

O decaimento da amplitude a ciclo,

$$4Ff/k = \frac{4.4{,}905}{5.000} = 3{,}924.10^{-3} \text{ m}.$$

O decaimento da amplitude a cada meio ciclo,

$$2Ff/k = \frac{2.4,905}{5.000} = 1,962.10^{-3}\ m.$$

O número n de meios ciclos até a parada do bloco,

$$X(0) - n\left(\frac{2F_f}{k}\right) \leq 0,981.10^{-3}$$

$$0,03 - n(1,962.10^{-3}) \leq 0,981.10^{-3}.$$

n = 15 meios ciclos; por consequência, o movimento cessa após serem completados 7,5 ciclos.

O coeficiente de amortecimento viscoso equivalente,

$$C_{equiv.} = \frac{4\mu N}{\omega n \pi X},\ \omega n = \sqrt{\frac{5.000}{5}} = 31,62\ rad/s$$

$$C_{equiv.} = \frac{4.0,1.5.9,81}{\pi.31,62.0,03} = 6,58\ Ns/m$$

A energia dissipada por ciclo:

$$E_{dissip.} = 4\mu NX = 4.0,1.5.9,81.0,03 = 0,5886\ N.m.$$

3.6 AMORTECIMENTO ESTRUTURAL – AMORTECIMENTO DE HISTERESE

Um material, ao ser deformado, provoca, por causa da atração entre suas moléculas, tensões internas. Devido à vibração, o efeito entre suas deformações e as tensões decorrentes gera uma dissipação de energia em cada ciclo de deformação, a qual independe da frequência.

A energia dissipada por unidade de volume de material é representada na área contida no laço de histerese, provocado pela força atuante ou tensão decorrente e a deformação ocasionada. A dissipação em um ciclo está em função do trabalho realizado pela força aplicada ao deformar o material, cujo efeito não desaparece ao ser retirada; essa energia é proporcional à rigidez k do material e do quadrado da amplitude da deformação X.

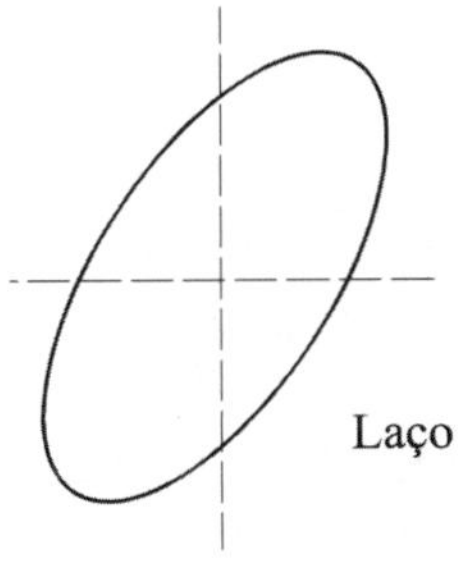

Figura 3.11 – Laço de histerese.

Para o caso de amortecimento de histerese, a expressão de dissipação é escrita como

$$E_{dissip} = \pi CskX^2$$

Cs = coeficiente ou constante de amortecimento estrutural. Indica uma medida adimensional da amplitude determinada empiricamente para se obter o amortecimento viscoso equivalente.

Queremos encontrar o coeficiente de amortecimento viscoso equivalente ($C_{equiv.}$) ao amortecimento estrutural (Cs), e, para tanto, assume-se que a oscilação é harmônica simples.

Igualando-se as Expressões (3.19) e (3.29):

$$C_{equiv.}\pi \omega n X^2 = Csk\pi X^2$$

$$C_{equiv} = \frac{kC_s}{\omega n} = \frac{Csk}{\sqrt{\frac{k}{m}}} = Cs\sqrt{\frac{k^2 m}{k}} = Cs\sqrt{km}.$$

O coeficiente de amortecimento estrutural, Cs, pode ser determinado experimentalmente pelo decaimento exponencial da amplitude. O logaritmo natural da razão entre amplitudes,

$$\ln\frac{x_n}{x_{n+1}} = \frac{2\pi\xi}{\sqrt{1-\xi^2}} \text{ onde } Cs = \frac{2\xi}{\sqrt{1-\xi^2}}$$

$$\ln\frac{x_n}{x_{n+1}} = 2\pi\xi \text{ para } \xi \ll 1.$$

Sendo decorridos κ ciclos entre as medidas das amplitudes,

$$\frac{1}{\kappa}\ln\frac{Xn}{Xn\kappa} = 2\pi\xi.$$

O fator de amortecimento equivalente,

$$\xi_{equiv} = \frac{C_{equiv}}{Cc} = \frac{C_{equiv}}{2m\omega n} = \frac{kC_s}{2m\omega n^2} = \frac{C_s}{2},\ Cs = 2\xi.$$

Exemplo 3.7

Uma estrutura que apresenta rigidez de 1.500 N/m e massa de 2 kg foi submetida a um teste de vibração, sendo obtida uma razão de amplitudes sucessivas de 1,2. Queremos determinar o coeficiente de amortecimento estrutural (C_s), o coeficiente de amortecimento viscoso equivalente ($C_{equiv.}$) e a energia dissipada em um ciclo, sendo que a amplitude do deslocamento inicial, X(0), foi 0,05m.

$$\ln(1{,}2) = 0{,}18232 = \frac{2\pi\xi}{\sqrt{1-\xi^2}},\ 1 - \xi^2 = 1187{,}65\xi^2,\ \xi = 0{,}029$$

$$Cs = 2\xi = 0{,}058\ ,\ \omega n = \sqrt{\frac{1.500}{2}} = 27{,}38\ \text{rad/s}$$

$$C_{equiv} = \frac{kC_s}{\omega n} = \frac{1.500.0{,}058}{27{,}38} = 3{,}1768\ \text{Ns/m}$$

$$E_{dissip.} = \pi CskX^2 = \pi.0{,}058.1500.0{,}05^2 = 0{,}6833\ \text{N.m}$$

Tabela 3.2 – Valores da relação de amortecimento ξ

Amortecedor ou tipo de material	Valor de ξ
Aço laminado a frio	0,001
Alumínio laminado a frio	0,0002
Amortecedores de automóvel	0,4 a 0,7
Borracha	0,04
Concreto e alvenaria	0,01 a 0,02
Estruturas de aço rebitadas	0,03
Madeira	0,003

Fonte: Groehs (2001), p. 6.

CAPÍTULO 4

VIBRAÇÕES FORÇADAS NÃO AMORTECIDAS

4.1 SISTEMA MASSA-MOLA COM FORÇA HARMÔNICA ATUANTE

Considerando o sistema massa-mola sem amortecimento oscilando sob a ação de uma força excitadora dada por $F(t) = F_0 \cos\omega t$ e, nessa condição dinâmica, encontrando-se deslocado x de sua PE; fazendo a modelagem e o diagrama de corpo livre para expressarmos as forças decorrentes, temos:

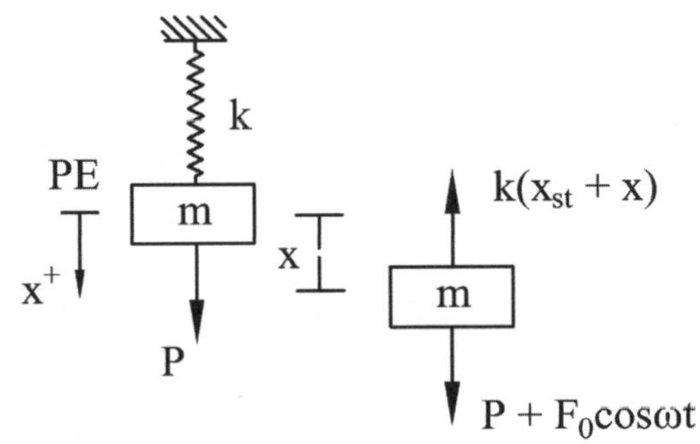

Figura 4.1 – Sistema massa-mola em vibração forçada.

F_0 = magnitude da força aplicada;

ω = frequência de aplicação da força;

t = tempo.

De acordo com a segunda lei de Newton e por meio do DCL, podemos escrever:

$$F_0 \cos\omega t + P - k\,(x_{st} + x) = m\ddot{x}, \text{ ou, } m\ddot{x} + kx = F_0 \cos\omega t \tag{4.1}$$

A Equação (4.1) é uma equação diferencial, linear e não homogênea, cuja solução geral consiste na soma da solução homogênea ou complementar (xc) com a solução particular (xp).

A solução homogênea é encontrada fazendo-a igual a zero ($m\ddot{x} + kx = 0$), cuja solução, já vista, pode ser dada por:

$$xc = A\text{sen}\omega nt + B\cos\omega nt.$$

As constantes A e B são obtidas por meio das condições iniciais: $x(0) = x_0$ e $\dot{x}(0) = \dot{x}_0$.

A solução particular representa a condição de regime permanente, sendo dada por $xp = X\cos\omega t$, em que X é a amplitude do movimento. Derivando xp duas vezes em relação ao tempo, obtemos a expressão de aceleração $\ddot{x}p = -X\omega^2 \cos\omega t$.

Substituindo-se xp e $\ddot{x}p$ na Equação diferencial (4.1), cancelando-se os termos em cosseno, $-mX^2 + kX = F_0$; e, dividindo-se a expressão por k:

$$-\frac{m}{k}X\omega^2 + \frac{k}{k}X = \frac{Fo}{k}, \frac{m}{k} = \frac{1}{\omega n^2}, X\left[-\left(\frac{\omega}{\omega n}\right)^2 + 1\right] = \frac{F0}{k}, \text{ em que:}$$

$$X = \frac{\frac{F0}{k}}{1 - \left(\frac{\omega}{\omega n}\right)^2} \tag{4.2}$$

X = amplitude da vibração forçada, estado permanente ou regime estacionário.

A solução particular pode ser reescrita:

$$xp = \frac{\frac{F0}{k}}{1 - \left(\frac{\omega}{\omega n}\right)^2}\cos\omega t;\ xp = X\cos\omega t.$$

A solução geral ou resposta da vibração forçada $x(t) = xc + xp$,

$$x(t) = A\text{sen}\omega nt + B\cos\omega nt + \frac{\frac{F0}{k}}{1 - \left(\frac{\omega}{\omega n}\right)^2}\cos\omega t, \tag{4.3}$$

Para $t = 0$, $x(t) = x(0) = B + \dfrac{\frac{F0}{k}}{1 - \left(\frac{\omega}{\omega n}\right)^2}$; portanto $B = x(0) - \dfrac{\frac{F0}{k}}{1 - \left(\frac{\omega}{\omega n}\right)^2}$.

A expressão de velocidade,

$$\dot{x}(t) = A\omega n\cos\omega nt - B\omega n\operatorname{sen}\omega nt - \frac{\frac{F0}{k}}{1-\left(\frac{\omega}{\omega n}\right)^2}\omega\operatorname{sen}\omega t$$

Para t = 0, $\dot{x}(t) = \dot{x}(0) = A\omega n$, portanto, $A = \frac{\dot{x}(0)}{\omega n}$.

A solução geral, Equação (4.3), pode ser reescrita como

$$x(t) = \frac{\dot{x}(0)}{\omega n}\operatorname{sen}\omega nt + \left[x(0) - \frac{\frac{F0}{k}}{1-\left(\frac{\omega}{\omega n}\right)^2}\right]\cos\omega nt + \frac{\frac{F0}{k}}{1-\left(\frac{\omega}{\omega n}\right)^2}\cos\omega t,$$

ou por

$$x(t) = X'\cos(\omega nt+\varphi) + \frac{\frac{F0}{k}}{1-\left(\frac{\omega}{\omega n}\right)^2}\cos\omega t, \tag{4.4}$$

em que:

φ = ângulo de fase da vibração livre;

X' = amplitude de resposta da vibração livre.

Interpretação da solução

A grandeza F_0/k representa a deflexão estática (δ_0) produzida pela força F_0, $\delta_0 = F_0/k$, e a grandeza $\omega/\omega n$ é a razão entre a frequência de excitação e a frequência natural do sistema massa-mola. A Equação (4.2) fica escrita:

$$X = \frac{\delta o}{1-\left(\frac{\omega}{\omega n}\right)^2} = \delta_0\frac{1}{1-\left(\frac{\omega}{\omega n}\right)^2}.$$

A grandeza $\frac{1}{1-\left(\frac{\omega}{\omega n}\right)^2}$ é chamada fator de amplificação (FA) ou coeficiente de amplitudes, de grandeza adimensional; portanto, a amplitude de vibração forçada (X) equivale ao produto entre a deflexão estática causada pela força F_0 e a expressão de razão de frequências. O fator de amplificação fica:

$$FA = \frac{Xk}{F_0} = \frac{X}{\delta o} = \frac{1}{1-\left(\frac{\omega}{\omega n}\right)^2}. \tag{4.5}$$

Quando $0 < \frac{\omega}{\omega n} < 1$, a razão entre as frequências $\left(\frac{\omega}{\omega n} < \sqrt{2}\right)$, a amplitude X será maior que δ_0, o denominador da Equação (4.5) será positivo e a resposta é dada por

$$xp(t) = X\cos(\omega t).$$

Quando $\frac{\omega}{\omega n} > 1$, a razão entre as frequências $\left(\frac{\omega}{\omega n} > \sqrt{2}\right)$, a amplitude X será menor que δ_0, o denominador da Equação (4.5) será negativo e a resposta é dada por

$$xp(t) = -X\cos(\omega t).$$

Os sinais contrários indicam a defasagem entre a força de excitação e a resposta do sistema. Considerando a amplitude positiva, a expressão de amplitude fica:

$$X = \frac{\delta o}{\left(\frac{\omega}{\omega n}\right)^2 - 1}.$$

Exemplo 4.1

Em um sistema com massa 10 kg, rigidez 25 kN/m, é aplicada uma força dada por F =180cos40t N. Queremos escrever as respostas nos tempos t = 0 e t = 0,1s quando as grandezas de posição e velocidade forem x(0) = 0,01m e $\dot{x}(0)$ = 0,866 m/s.

$$\omega n = \sqrt{\frac{k}{m}} = \sqrt{\frac{25.000}{10}} = 50 \text{ rad/s}$$

$$X = \frac{\frac{F0}{k}}{1 - \left(\frac{\omega}{\omega n}\right)^2} = \frac{\frac{180}{25.000}}{1 - \left(\frac{40}{50}\right)^2} = 0{,}02 \text{ m}$$

Adotando-se a solução pela Equação (4.3),

$$x(t) = A\text{sen}\omega nt + B\cos\omega nt + \frac{\frac{F0}{k}}{1 - \left(\frac{\omega}{\omega n}\right)^2}\cos\omega t,$$ encontrando-se os termos A e B:

$$B = x(0) - X = -0{,}01$$

$$A = \frac{0{,}866}{50} = 0{,}01732$$

$$x(t) = 0{,}01732\text{sen}(50t) - 0{,}01\cos(50t) + 0{,}02\cos(40t)$$

Para t = 0, x(t) = x(0) = – 0,01 + 0,02 = 0,01 m;

para t = 0,1, x(t) = x(0,1) = – 0,01660 – 0,00283 – 0,01307 = – 0,0325 m.

Adotando-se a solução pela Equação (4.4),

$$x(t) = X'\cos(\omega n t + \varphi) + \frac{\frac{F0}{k}}{1 - \left(\frac{\omega}{\omega n}\right)^2}\cos\omega t$$

$$x(t) = X'\cos(50t + \varphi) + 0{,}02\cos(40t).$$

As condições iniciais são x(t) e $\dot{x}(t)$ para t = 0

$$x(t) \text{ para } t = 0 = x(0) = 0{,}01 = X'\cos\varphi + 0{,}02$$

$$X' = -\frac{0{,}01}{\cos\varphi}$$

$$\dot{x}(t) = 0{,}866 = -X'50\text{sen}(50t + \varphi) - 0{,}8\text{sen}(40t)$$

Para t = 0 = $\dot{x}(0)$ = 0,866 = –X'50senφ

$$X' = -\frac{0{,}01732}{\text{sen}\varphi}$$

$$-\frac{0{,}01}{\cos\varphi} = -\frac{0{,}01732}{\text{sen}\varphi},\ \text{tang}\ \varphi = \frac{0{,}01732}{0{,}01},\ \varphi = 60^0$$

$$X' = -\ 0{,}02\ \text{m}$$

Para t = 0, x(t) = –0,02cos(60^0) + 0,02 = –0,01 + 0,02 = 0,01 m;

para t = 0,1, x(t) = –0,01944 – 0,01307 = –0,0325 m.

4.2 SISTEMA EM RESSONÂNCIA

Quando ω = ωn, as Expressões (4.1) e (4.4) indicam que tanto a amplitude da vibração forçada quanto o fator de amplificação são infinitos. Essa condição é chamada ressonância, expressa no gráfico da Figura (4.2).

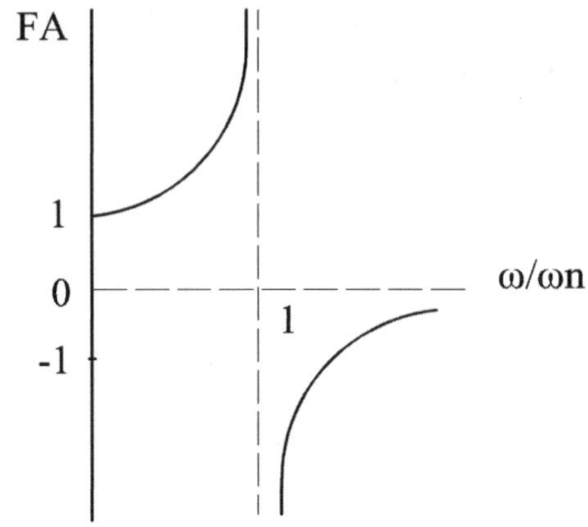

Figura 4.2 – Gráfico de ressonância sem amortecimento.

O resultado expresso no gráfico não condiz com a realidade física, pois a massa, a inércia do sistema, impede um deslocamento infinito instantaneamente. Analisando-se essa condição:

Retornando-se à Equação (4.1): $m\ddot{x} + kx = F_0 \cos\omega t$ (÷ m e fazendo: ωn = ω)

$$\ddot{x} + \omega^2 x = \frac{F0}{m} \cos\omega t \tag{4.6}$$

Tomando-se a solução como:

xp = X cosωt, derivando duas vezes e substituindo na Equação (4.6),

$$- X\omega^2\cos\omega t + X\omega^2\cos\omega t = \frac{F0}{m} \cos\omega t,$$

$0 = \frac{F0}{m} \cos\omega t$, indicando que a solução tomada não é válida para ω = ωn.

Tomando-se a solução na forma:

xp = Xt senωt, derivando duas vezes e lembrando: d(u.v) = du.v + u.dv;

$\dot{x}p = X\text{sen}\omega t + Xt\omega\cos\omega t$;

$\ddot{x}p = X\omega\cos\omega t + X\omega\cos\omega t - Xt\omega^2\text{sen}\omega t$;

$\ddot{x}p = 2X\omega\cos\omega t - Xt\omega^2\text{sen}\omega t$. Substituindo xp e $\ddot{x}p$ em (4.6).

$$2X\omega\cos\omega t - Xt\omega^2\text{sen}\omega t + Xt\omega^2\text{sen}\omega t = \frac{F0}{m} \cos\omega t$$

$$2X\omega = \frac{F0}{m}, \text{ isolando-se X: } X = \frac{F0}{2m\omega} \ (\div \text{ k e } \omega = \omega n), \ X = \frac{\frac{F0}{k}}{2\frac{\omega}{\omega^2}}, \text{ cancelando-se } \omega$$

$$X = \frac{\delta_0 \omega}{2}$$

A solução particular fica:

$$xp = \frac{\delta_0 \omega}{2} \text{t.sen}\omega t$$

A expressão mostra que a resposta na ressonância é uma função senoidal com a amplitude crescendo linearmente no tempo teoricamente tendendo ao infinito; na realidade cresce até a falha da mola. O gráfico mostra o comportamento.

Figura 4.3 – Gráfico do crescimento da amplitude na ressonância.

Exemplo 4.2

Um sistema de massa 2 kg, rigidez da mola 650 N/m e excitado pela força de magnitude 5N está em ressonância. Determinar as amplitudes da resposta da vibração forçada considerando-se os tempos para: (1/4)T, T + (1/4)T, 2T + (1/4) T, 3T + (1/4)T.

$$xp = -\frac{\delta_0 \omega}{2} \text{tsen}\omega t$$

$$\delta_0 = F_0/k = 5/650 = 0{,}00769 \text{ m} = 7{,}69 \text{ mm}$$

$$\omega = \sqrt{\frac{650}{2}} = 18{,}02 \text{ rad/s}$$

$$T = \frac{2\pi}{18{,}02} = 0{,}348s$$

$$xp = 69{,}28t\,sen18{,}02t \text{ mm}$$

$$t = (1/4)T = 0{,}087s,\ xp = 6{,}039 \text{ mm}$$

$$t = T + (1/4)T = 0{,}435s,\ xp = x(t) = 30{,}17 \text{ mm}$$

$$t = 2T + (1/4)T = 0{,}783s,\ xp = x(t) = 54{,}30 \text{ mm}$$

$$t = 3T + (1/4)T = 1{,}131s,\ xp = x(t) = 78{,}43 \text{ mm}$$

A transmissibilidade (TR) de força, vibração do sistema ao suporte, é dada por

$$TR = \frac{1}{\left(\frac{\omega}{\omega n}\right)^2 - 1} = \frac{FT}{F0}$$

TR dada em módulo, pois é uma relação percentual (%).

F_T = força transmitida;

F_0 = força de excitação.

Quando $\left(\frac{\omega}{\omega n}\right)^2 < 2$, TR > 1, a amplitude da força transmitida ao suporte é maior que a amplitude da força excitadora. Ocorre amplificação.

Quando $\left(\frac{\omega}{\omega n}\right)^2 = 2$, TR = 1, a amplitude da força transmitida ao suporte é igual à amplitude da força excitadora.

Quando $\left(\frac{\omega}{\omega n}\right)^2 > 2$, TR < 1, a amplitude da força transmitida ao suporte é menor que a amplitude da força excitadora.

Exemplo 4.3

Um motor de peso 196,2 N é suportado por um conjunto de molas que apresentam rigidez total de 19.620 N/m. O motor apresenta um desbalanceamento representado por uma excentricidade, correspondendo a uma massa de 400 g localizada em um raio de 0,07 m do centro de rotação do motor. Queremos determinar sua amplitude de vibração (X) e a força transmitida à fundação (Ft), considerando que suas velocidades de funcionamento serão:

a) n = 1.200 rpm;

b) n = 423 rpm;

c) n = 400 rpm.

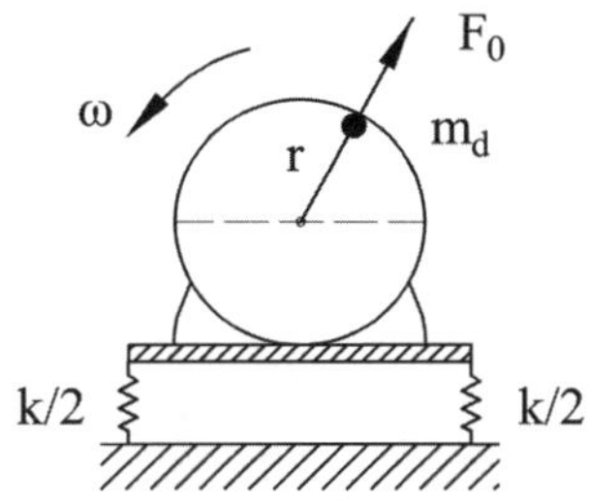

Figura 4.4 – Motor desbalanceado.

a) Para n = 1.200 rpm, $\omega = \frac{2\pi n}{60} = \frac{2\pi 1.200}{60} = 125{,}66$ rad/s.

A força gerada no motor devido ao desbalanceamento é a força centrífuga, dada por

$$F_0 = mr\omega^2 = 0{,}4.0{,}07.125{,}66^2 = 442{,}1 \text{ N}$$

A massa do motor, P = mg, $m = \frac{196{,}2}{9{,}81} = 20$ kg, $\omega n = \sqrt{\frac{k}{m}} = \sqrt{\frac{19.620}{20}} = 31{,}32$ rad/s

$$X = \frac{\frac{F0}{k}}{\left(\frac{\omega}{\omega n}\right)^2 - 1} = \frac{0{,}02253}{15{,}097} = 0{,}00149 \text{ m} = 1{,}49 \text{ mm}$$

$$Ft = kX = 19620.0{,}00149 = 29{,}23 \text{ N}$$

$$TR = \frac{Ft}{F0} = \frac{29{,}23}{442{,}1} = 0{,}0661 = 6{,}61\%$$

A força transmitida à fundação corresponde a 6,61% da força excitadora; 93,39% são absorvidos pelas molas.

$$\left(\frac{\omega}{\omega n}\right)^2 = \left(\frac{125{,}66}{31{,}32}\right)^2 = 16{,}09 > 2$$

A força transmitida ao suporte, Ft, é menor que a força excitadora F_0.

b) Para n = 423 rpm, $\omega = \frac{2\pi n}{60} = \frac{2\pi 423}{60} = 44{,}29$ rad/s

$$F_0 = 0{,}4.0{,}07.44{,}29^2 = 54{,}9 \text{ N}$$

$$X = \frac{\frac{F0}{k}}{\left(\frac{\omega}{\omega n}\right)^2 - 1} = \frac{0,0028}{1} = 0,0028 = 2,8 \text{ mm}$$

$$Ft = kX = 19620.0,0028 = 54,9 \text{ N}$$

$$TR = \frac{Ft}{F0} = 1$$

$$\left(\frac{\omega}{\omega n}\right)^2 = \left(\frac{44,29}{31,32}\right)^2 = 2$$

A força transmitida ao suporte, Ft, é igual à força excitadora F_0. Embora haja pequenas compressões e distensões nas molas, estas agem *como se fossem* um corpo rígido.

c) Para n = 400 rpm, $\omega = \frac{2\pi n}{60} = \frac{2\pi 400}{60} = 41,89$ rad/s

$$F_0 = 0,4.0,07.41,89^2 = 49,13 \text{ N}$$

$$X = \frac{\frac{F0}{k}}{\left(\frac{\omega}{\omega n}\right)^2 - 1} = \frac{0,0025}{0,7888} = 0,00317 = 3,17 \text{ mm}$$

$$Ft = kX = 19620.0,00317 = 62,19 \text{ N}$$

$$TR = \frac{Ft}{F0} = 1,266 = 126,6\%$$

A força transmitida ao suporte, Ft, corresponde a 126,6% da força excitadora, significando que as molas não absorvem a vibração, induzindo o aumento da amplitude do movimento.

$$\left(\frac{\omega}{\omega n}\right)^2 = \left(\frac{41,89}{31,32}\right)^2 = 1,789 < 2$$

A força transmitida ao suporte, Ft, é maior que a força excitadora F_0.

CAPÍTULO 5
VIBRAÇÕES FORÇADAS AMORTECIDAS

5.1 RESPOSTA A UMA EXCITAÇÃO HARMÔNICA

Considere o sistema massa-mola-amortecedor oscilando sob a ação da força periódica $F = F_0 \operatorname{sen} \omega t$, e estando deslocado a uma distância x da posição de equilíbrio (PE), como indicado a seguir. No diagrama de corpo livre (DCL), estão representadas as forças decorrentes da condição dinâmica.

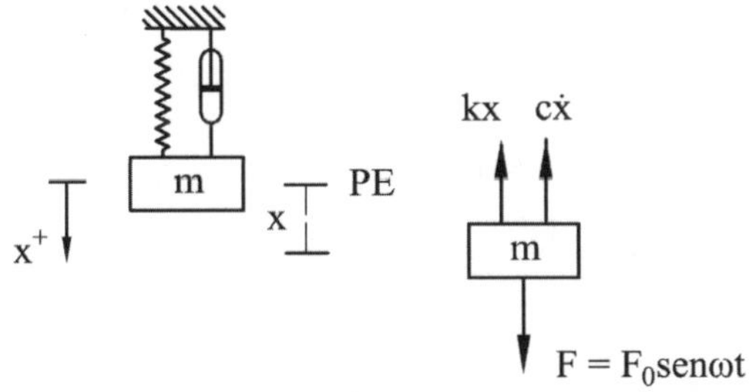

Figura 5.1 – Sistema massa-mola-amortecedor e forças decorrentes.

F_0 = magnitude da força aplicada;

ω = frequência de aplicação da força.

Na condição dinâmica, a equação que rege é a segunda lei de Newton: $\Sigma F = ma$. Podemos escrever:

$$-c\dot{x} - kx + F_0 \operatorname{sen} \omega t = m\ddot{x}, \text{ sendo } P - kx_{st} = 0.$$

Rearranjando-a:

$$m\ddot{x} + c\dot{x} + kx = F_0 \text{sen}\omega t. \qquad (5.1)$$

A Equação (5.1) é uma equação diferencial não homogênea, e, como já visto no Capítulo 4, a solução geral é composta da solução complementar (xc) mais a solução particular (xp):

$$x(t) = xc + xp.$$

A solução complementar é obtida tornando-a igual a zero, como visto no Capítulo 4. Essa solução caracteriza a resposta transiente e está relacionada ao caso subamortecido, pois essa vibração cessa no percurso do tempo, devido aos amortecimentos poderem ser decorrentes do viscoso, Coulomb ou histerese.

A solução particular envolve as componentes de seno e cosseno representando a solução no estado permanente, pois são a vibração e o comportamento que permanecem, dado que, cessada a aplicação da força, a vibração cessa no decorrer do tempo. Na vibração forçada, a resposta de vibração livre pode ser negligenciada, porque o interesse repousa no estado permanente.

A solução particular pode ser escrita considerando-se:

A Equação (5.1) é uma somatória de vetores forças, em que F_0 é o vetor resultante.

Força de inércia ($m\ddot{x}$) + força de amortecimento ($c\dot{x}$) + força de mola (kx) = força impressa (F_0)

Tomando-se a solução da Equação (5.1) na forma

$$xp(t) = x(t) = X\text{sen}(\omega t - \phi), \qquad (5.2)$$

em que:

X = amplitude da vibração forçada;

ω = frequência de aplicação da força;

ϕ = ângulo de fase.

Derivando-se duas vezes em relação ao tempo a Expressão (5.2):

$$\dot{x}(t) = \omega X\cos(\omega t - \phi) \text{ ou } \dot{x}(t) = \omega X\text{sen}(\omega t - \phi + \pi/2)$$

$$\ddot{x}(t) = -\omega^2 X\text{sen}(\omega t - \phi) \text{ ou } \ddot{x}(t) = \omega^2 X\text{sen}(\omega t - \phi + \pi)$$

Substituindo-as na Equação (5.1):

$$m\omega^2 X\text{sen}(\omega t - \phi + \pi) + c\omega X\text{sen}(\omega t - \phi + \pi/2) + kX\text{sen}(\omega t - \phi) = F_0\text{sen}\omega t$$

Essa equação é uma soma de vetores. A Figura 5.2 representa-a graficamente no 1º quadrante.

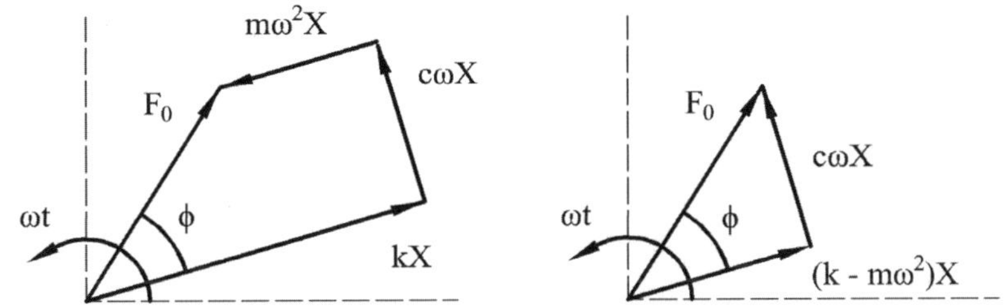

Figura 5.2 – Representação gráfica e somatória dos vetores força.

Do segundo diagrama de forças, podemos encontrar por Pitágoras

$$F_0 = X\sqrt{(k - m\omega^2)^2 + (c\omega)^2} \text{ isolando X}$$

$$X = \frac{Fo}{\sqrt{(k - m\omega^2)^2 + (c\omega)^2}} \quad \text{o ângulo de fase: } \phi = tg^{-1}\frac{c\omega}{k - m\omega^2} \tag{5.3}$$

Dividindo-se as Expressões (5.3) por k:

$$X = \frac{\frac{F0}{k}}{\sqrt{\left(1 - \frac{m\omega^2}{k}\right)^2 + \left(\frac{c\omega}{k}\right)^2}} = \frac{\frac{F0}{k}}{\sqrt{\left[1 - \left(\frac{\omega}{\omega n}\right)^2\right]^2 + \left[2\xi\frac{\omega}{\omega n}\right]^2}} \tag{5.4}$$

Fazendo-se $\xi = 0$, a Equação (5.4) iguala-se à Equação (4.2) do Capítulo 4.

$$\phi = tg^{-1}\frac{\frac{c\omega}{k}}{1 - \frac{m\omega^2}{k}} = \frac{\frac{2\xi\omega}{\omega n}}{1 - \left(\frac{\omega}{\omega n}\right)^2}$$

O ângulo ϕ representa a diferença de fase entre a força aplicada e a resposta ou a vibração no estado estacionário resultante do sistema amortecido.

O fator de amplificação (FA) é definido como a razão entre a amplitude de vibração forçada e a deformação causada pela força F_0, como já visto no Capítulo 4.

$$F_0.k = \delta_0 \therefore \delta_0 = \frac{F0}{k}$$

$$X = \frac{\frac{F0}{k}}{\sqrt{\left[1 - \left(\frac{\omega}{\omega n}\right)^2\right]^2 + \left[2\xi\frac{\omega}{\omega n}\right]^2}} = \delta_0 \frac{1}{\sqrt{\left[1 - \left(\frac{\omega}{\omega n}\right)^2\right]^2 + \left[2\xi\frac{\omega}{\omega n}\right]^2}}$$

$$FA = \frac{Xk}{Fo} = \frac{1}{\sqrt{\left[1-\left(\frac{\omega}{\omega n}\right)^2\right]^2+\left[2\xi\frac{\omega}{\omega n}\right]^2}}$$, cujo gráfico é dado na Figura 5.3.

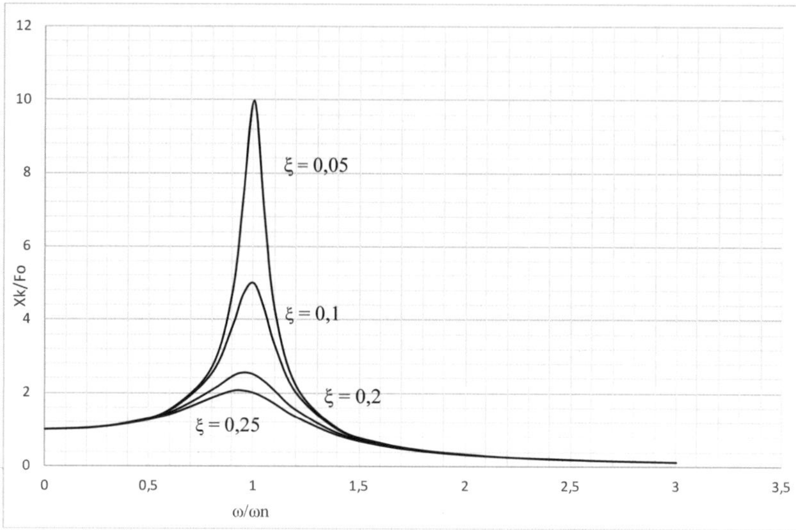

Figura 5.3 – Gráfico do fator de amplificação x razão de frequências.

A solução particular,

$$xp = X\text{sen}(\omega t + \phi) = \delta_0 \frac{1}{\sqrt{\left[1-\left(\frac{\omega}{\omega n}\right)^2\right]^2+\left[2\xi\frac{\omega}{\omega n}\right]^2}}\text{sen}(\omega t + \phi).$$

Vemos que tanto a amplitude X quanto o fator de amplificação FA dependem da razão de frequências ω/ωn.

Podemos demonstrar a solução particular dada na Equação (5.2), dividindo a Equação (5.1) por k:

$$\frac{m}{k}\ddot{x} + \frac{c}{k}\dot{x} + \frac{k}{k}x = \frac{F0}{k}\text{sen}\omega t$$

$$\frac{m}{k} = \frac{1}{\omega^2}, \frac{c}{k} = \frac{\xi Cc}{k} = \frac{2m\xi\omega n}{k} = \frac{2\xi}{\omega n}$$

$$\frac{\ddot{x}}{\omega n^2} + \frac{2\xi}{\omega n}\dot{x} + x = \frac{Fo}{k}\text{sen}\omega t. \qquad (5.5)$$

Devido ao fato de haverem os termos c e $\dot{x}$, na solução particular aparecerão duas constantes que chamaremos de C_1 e C_2, as quais estão relacionadas com os termos de seno e cosseno.

A solução particular pode ser escrita como

$$xp = C_1 sen(\omega t) + C_2 cos(\omega t)$$

Derivando-se duas vezes em relação ao tempo,

$$\dot{x}p = C_1 \omega cos(\omega t) - C_2 \omega sen(\omega t)$$

$$\ddot{x}p = -C_1 \omega^2 sen(\omega t) - C_2 \omega^2 cos(\omega t).$$

Substituindo-se xp, $\dot{x}$p e $\ddot{x}$p em (5.5) e fazendo-se $\frac{\omega}{\omega n} = r$ e $\frac{F0}{k} = \delta_0$

$$-C_1 r^2 sen(\omega t) - C_2 r^2 cos(\omega t) + 2\xi[C_1 r cos(\omega t) - C_2 r sen(\omega t)] + C_1 sen(\omega t) + C_2 cos(\omega t) =$$

$$= \delta_0 sen(\omega t).$$

Rearranjando-se em termos de seno e cosseno,

$$-C_1 r^2 - 2\xi C_2 r + C_1 = \delta_0 \text{ ou } (1 - r^2)C_1 - 2\xi r C_2 = \delta_0$$

$$-C_2 r^2 + 2\xi C_1 r + C_2 = 0 \text{ ou } 2\xi r C_2 + (1 - r^2)C_2 = 0.$$

Esse sistema de equações pode ser resolvido por Cramer:

$$C_1 = \frac{DC1}{det.} \text{ e } C_2 = \frac{DC2}{det.}$$

$$C_1 = \frac{\begin{vmatrix} \delta o & -2\xi r \\ 0 & 1 - r^2 \end{vmatrix}}{(1 - r^2)^2 + (2\xi r)^2} = \frac{(1 - r^2)\,\delta o}{(1 - r^2)^2 + (2\xi r)^2}$$

$$C_2 = \frac{\begin{vmatrix} 1 - r^2 & \delta o \\ 2\xi r & 0 \end{vmatrix}}{(1 - r^2)^2 + (2\xi r)^2} = \frac{-\delta o 2\xi r}{(1 - r^2)^2 + (2\xi r)^2}$$

$$xp = \frac{\delta o}{(1 - r^2)^2 + (2\xi r)^2}\left[(1 - r^2)sen(\omega t) - (2\xi r)cos(\omega t)\right]$$

$$xp = \frac{\delta o}{\sqrt{\left[1 - \left(\frac{\omega}{\omega n}\right)^2\right]^2 + \left[2\xi \frac{\omega}{\omega n}\right]^2}} C_1 sen(\omega t) - C_2 cos(\omega t)$$

$$xp = X\text{sen}(\omega t - \phi) \qquad \phi = tg^{-1} = \frac{\dfrac{2\xi\omega}{\omega n}}{1 - \left(\dfrac{\omega}{\omega n}\right)^2}$$

Exemplo 5.1

Um sistema massa-mola-amortecedor que apresenta as grandezas m = 5 kg, k = 2.000 N/m e c = 20 Ns/m está sob a ação de uma força de magnitude F_0 = 30 N, aplicada com uma frequência de 40 rad/s. Quando o bloco estiver deslocado 0,0075 m de sua posição de equilíbrio, a velocidade será 0,0185 m/s. Queremos escrever a solução geral do sistema.

$$x(t) = xc + xp$$

A solução complementar, estado transiente, visto no Capítulo 4:

$$xc(t) = Xe^{-\xi\omega nt}\,\text{sen}(\omega at + \varphi) \quad X = \sqrt{A^2 + B^2} \quad A = [\dot{x}(0) + \xi\omega n x(0)]/\omega a \quad B = x(0)$$

$$\varphi = \text{tang}^{-1}\,\frac{\omega a x(0)}{\dot{x}(0) + \xi\omega n x(0)}$$

$$\omega n = \sqrt{\frac{k}{m}} = \sqrt{\frac{2.000}{5}} = 20\text{ rad/s} \quad B = 0{,}0075$$

$$\xi = \frac{C}{2m\omega n} = \frac{20}{200} = 0{,}1 \quad \omega a = \sqrt{1 - \xi^2}\,\omega n = \sqrt{1 - 0{,}1^2}.20 = 19{,}899\text{ rad/s}$$

$$A = [0{,}0185 + 0{,}1.20.0{,}0075]/19{,}899 = 0{,}00168$$

$$X = \sqrt{0{,}00168^2 + 0{,}0075^2} = 0{,}00768\text{ m} = 7{,}68\text{ mm}$$

$$\varphi = \text{tang}^{-1}\,\frac{19{,}899 \cdot 0{,}0075}{0{,}0185 \cdot 0{,}1 \cdot 20 \cdot 0{,}0075} = 76{,}6^0 = 1{,}3372\text{ rad}$$

A solução particular, estado estacionário:

$$xp = X\text{sen}(\omega t - \phi)$$

$$X = \frac{\dfrac{F0}{k}}{\sqrt{\left[1 - \left(\dfrac{\omega}{\omega n}\right)^2\right]^2 + \left[2\xi\dfrac{\omega}{\omega n}\right]^2}} = \frac{0{,}015}{3{,}02655} = 0{,}00495\text{ m} = 4{,}95\text{ mm}$$

$$\phi = \text{tang}^{-1}\,\frac{\dfrac{2\xi\omega}{\omega n}}{1 - \left(\dfrac{\omega}{\omega n}\right)^2} = \frac{0{,}4}{-3} = -7{,}59^0 \doteq -0{,}13247\text{ rad}$$

A solução geral:

$$x(t) = 0{,}00768\text{sen}(20t + 76{,}6^0) + 0{,}00495\text{sen}(40t + 7{,}59^0).$$

5.2 ISOLAMENTO DE VIBRAÇÃO

Considere um sistema oscilando, uma máquina em funcionamento, gerando uma força de magnitude F_0, sendo suportada por molas e amortecedores.

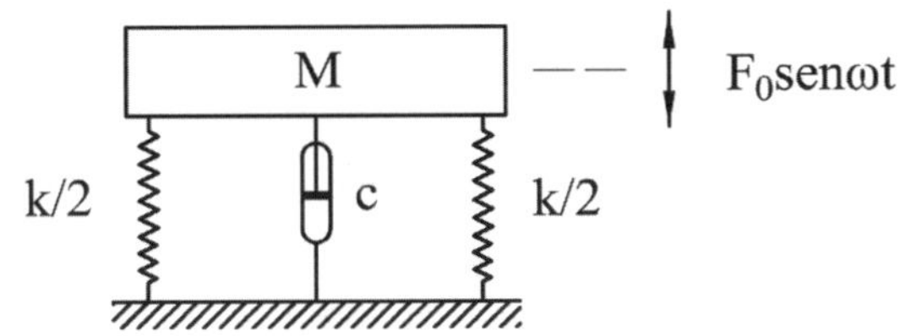

Figura 5.4 – Sistema massa-mola-amortecedor oscilando devido a uma força harmônica.

Podemos representar o diagrama de forças como na Figura 5.5.

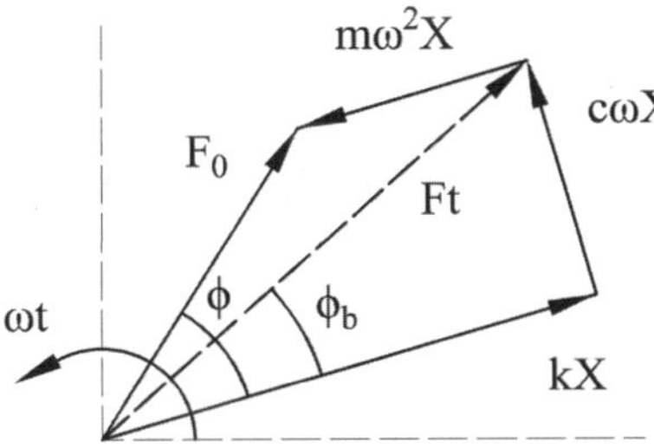

Figura 5.5 – Diagrama de forças transmitidas à fundação.

Ft = força transmitida à fundação. Pelo diagrama, aplicando Pitágoras:

$$Ft = \sqrt{(kX)^2 + (c\omega X)^2} = kX\sqrt{1 + \left(\frac{c\omega}{k}\right)^2} = kX\sqrt{1 + \left(2\xi\frac{\omega}{\omega n}\right)^2}.$$

Isolando-se X, a amplitude de vibração pode ser escrita como:

$$X = \frac{Ft}{k\sqrt{1 + \left(\frac{2\xi\omega}{\omega n}\right)^2}} \tag{5.6}$$

Igualando-se as Expressões (5.4) e (5.6) e isolando-se Ft:

$$Ft = \frac{F0\sqrt{1+\left(\frac{2\xi\omega}{\omega n}\right)^2}}{\sqrt{\left[1-\left(\frac{\omega}{\omega n}\right)^2\right]^2+\left[2\xi\frac{\omega}{\omega n}\right]^2}}$$

$$\phi_b = \text{tang}^{-1}\frac{c\omega}{k} \qquad \phi = \text{tang}^{-1}\frac{\frac{2\xi\omega}{\omega n}}{1-\left(\frac{\omega}{\omega n}\right)^2}$$

A transmissibilidade (TR) é definida como $TR = \frac{Ft}{F0}$

$$TR = \frac{\sqrt{1+\left(\frac{2\xi\omega}{\omega n}\right)^2}}{\sqrt{\left[1-\left(\frac{\omega}{\omega n}\right)^2\right]^2+\left[\frac{2\xi\omega}{\omega n}\right]^2}}$$

Quando $\frac{\omega}{\omega n} < \sqrt{2}$, o amortecimento contribui para limitar a amplificação.

Quando $\frac{\omega}{\omega n} > \sqrt{2}$, o amortecimento não contribui na limitação da amplificação, e o melhor isolamento é conseguido eliminando-o ($\xi = 0$).

Quando o amortecimento é desprezível ($\xi = 0$), a expressão de TR reduz-se a

$$TR = \frac{1}{1-\left(\frac{\omega}{\omega n}\right)^2} \text{ em módulo.}$$

5.3 MOVIMENTO DO SUPORTE

Em muitos casos, o sistema dinâmico é excitado pelo movimento da fundação ou base, e não pela força excitadora. Chamando-se de y o movimento do suporte e x o deslocamento do bloco a partir da PE,

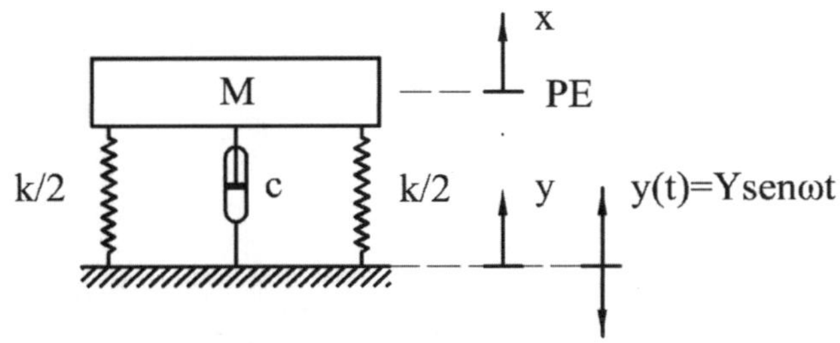

Figura 5.6 – Excitação pelo suporte em um sistema massa-mola-amortecedor.

Y = amplitude de deslocamento da fundação;

ω = frequência do deslocamento;

z = movimento do bloco em relação à fundação $z = x - y$.

Pelo diagrama de corpo livre, representamos as forças decorrentes na Figura 5.7.

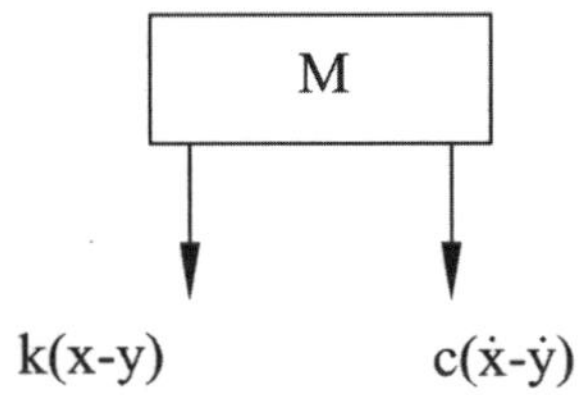

Figura 5.7 – Forças decorrentes da excitação pela fundação.

A equação dinâmica fica:

$$m\ddot{x} = -c(\dot{x} - \dot{y}) - k(x - y) = -c\dot{z} - kz$$

Fazendo-se $x = z + y$, então $\ddot{x} = \ddot{z} + \ddot{y}$, teremos $m(\ddot{z} + \ddot{y}) = -c\dot{z} - kz$; rearranjando:

$$m\ddot{z} + c\dot{z} + kz = -m\ddot{y} \tag{5.7}$$

A expressão do movimento do suporte é da forma $y(t) = Y\text{sen}\omega t$. Derivando-se duas vezes em relação ao tempo e substituindo-se em (5.7):

$$\ddot{y}(t) = -Y\omega^2\,\text{sen}\omega t$$

$$m\ddot{z} + c\dot{z} + kz = mY\omega^2\text{sen}\omega t \tag{5.8}$$

Fazendo-se $z(t) = Z\text{sen}(\omega t - \phi)$:

$$(t) = Z\omega\cos(\omega t - \phi) = Z\omega\text{sen}(\omega t - \phi + \pi/2)$$

$$(t) = -Z\omega^2\text{sen}(\omega t - \phi) = Z\omega^2\text{sen}(\omega t - \phi + \pi)$$

Podemos representar o diagrama de forças como na Figura 5.8:

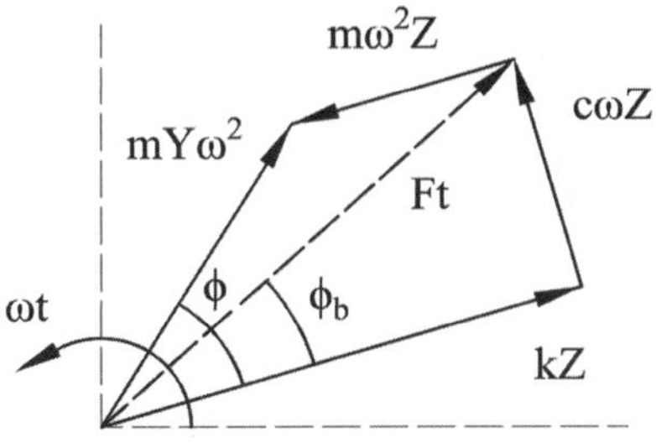

Figura 5.8 – Diagrama de forças transmitidas à fundação.

Utilizando-se o mesmo procedimento visto na Seção (5.2),

$$Z = \frac{mY\omega^2}{\sqrt{(k - m\omega^2)^2 + (c\omega)^2}}$$ dividindo-se por k e inserindo-se ξ,

$$Z = \frac{Y\left(\frac{\omega}{\omega n}\right)^2}{\sqrt{\left[1 - \left(\frac{\omega}{\omega n}\right)^2\right]^2 + \left[2\delta\frac{\omega}{\omega n}\right]^2}} \qquad \phi = tg^{-1} = \frac{\frac{2\xi\omega}{\omega n}}{1 - \left(\frac{\omega}{\omega n}\right)^2} \qquad \phi_b = tang^{-1}\frac{c\omega}{k},$$

em que:

Z = amplitude, movimento do bloco em relação à fundação;

ϕ = ângulo de fase entre a força $mY\omega^2$ gerada na base e o deslocamento do sistema;

ϕ_b = ângulo de fase entre a força transmitida Ft e o deslocamento do sistema.

A expressão de transmissibilidade para o movimento do suporte é dada por

$$TR = \frac{kX}{kY}\,\frac{\sqrt{1 + \left(\frac{2\xi\omega}{\omega n}\right)^2}}{\sqrt{\left[1 - \left(\frac{\omega}{\omega n}\right)^2\right]^2 + \left[\frac{2\xi\omega}{\omega n}\right]^2}},$$

em que:

kX = força transmitida à base, a qual está em função do deslocamento do bloco com amplitude X;

kY = força devido ao movimento do suporte.

$$Ft = kX = kY \frac{\sqrt{1 + \left(\frac{2\xi\omega}{\omega n}\right)^2}}{\sqrt{\left[1 - \left(\frac{\omega}{\omega n}\right)^2\right]^2 + \left[\frac{2\xi\omega}{\omega n}\right]^2}} \operatorname{sen}(\omega t - \phi + \phi_b) \text{ – ver a Figura 5.8.}$$

O valor absoluto da razão de amplitudes representa a transmissibilidade do deslocamento:

$$\left|\frac{X}{Y}\right| = \frac{\sqrt{1 + \left(\frac{2\xi\omega}{\omega n}\right)^2}}{\sqrt{\left[1 - \left(\frac{\omega}{\omega n}\right)^2\right]^2 + \left[\frac{2\xi\omega}{\omega n}\right]^2}}.$$

Exemplo 5.2

Uma máquina de peso 2.500 N está montada sobre uma base flexível que apresenta deformação estática (x_{st}) de 0,05 m devido ao peso da máquina. Observa-se que a máquina vibra com amplitude (X) de 0,01 m quando a base está sujeita à frequência natural não amortecida ($\omega = \omega n$), com amplitude (Y) de 0,005 m. Queremos determinar:

a) constante de amortecimento (c) da base flexível;

b) magnitude da força transmitida (Ft) entre a base e a máquina;

c) amplitude do deslocamento da máquina em relação à base (Z).

$$\text{a) } \omega n = \sqrt{\frac{g}{xst}} = \sqrt{\frac{9{,}81}{0{,}05}} = 14 \text{ rad/s}, \ m = \frac{P}{g} = \frac{2.500}{9{,}81} = 254{,}84\text{kg}$$

$$\xi = \frac{C}{Cc}, \ c = \xi 2m\omega n = 7135{,}5\xi, \ k = \frac{P}{xst} = \frac{2500}{0{,}05} = 50 \text{ kN/m}$$

A razão entre as amplitudes:

$$\left|\frac{X}{Y}\right| = \frac{0{,}01}{0{,}005} = 2 = \frac{\sqrt{1 + \left(\frac{2\xi\omega}{\omega n}\right)^2}}{\sqrt{\left[1 - \left(\frac{\omega}{\omega n}\right)^2\right]^2 + \left[\frac{2\xi\omega}{\omega n}\right]^2}}, \ 2 = \frac{\sqrt{1 + 4\xi^2}}{\sqrt{4\xi^2}}, \ 4 = \frac{1 + 4\xi^2}{4\xi^2},$$

$$\xi = 0{,}288, \ c = 2.055\text{Ns/m}$$

$$\text{b) } Ft = kX = kY \frac{\sqrt{1 + \left(\frac{2\xi\omega}{\omega n}\right)^2}}{\sqrt{\left[1 - \left(\frac{\omega}{\omega n}\right)^2\right]^2 + \left[\frac{2\xi\omega}{\omega n}\right]^2}} = 50000.0{,}01 = 500\text{N}$$

c) $$Z = \frac{Y\left(\frac{\omega}{\omega n}\right)^2}{\sqrt{\left[1-\left(\frac{\omega}{\omega n}\right)^2\right]^2+\left[2\delta\frac{\omega}{\omega n}\right]^2}} = \frac{0,005}{0,576} = 8,68.10^{-3}\ \text{m} = 8,68\ \text{mm}$$

$Z \neq X - Y$ devido aos ângulos de fase ϕ e ϕ_b.

CAPÍTULO 6
FORÇAS NÃO PERIÓDICAS

6.1 FUNÇÃO RESPOSTA A UM IMPULSO UNITÁRIO

Define-se uma força impulsiva como uma força que possui uma grande magnitude aplicada em um curto intervalo de tempo Δt, em que: $\Delta t = t_2 \sim t_1$.

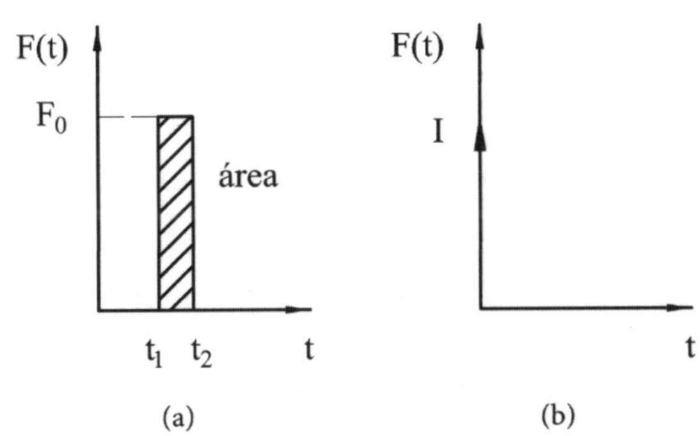

Figura 6.1 – Função impulso arbitrário.

O impulso é dado por $I = F\Delta t = m\dot{x}_2 - m\dot{x}_1 = m(\dot{x}_2 - \dot{x}_1) = m\Delta\dot{x}$.

No caso em que o impulso linear for igual a 1 (um), será chamado impulso unitário ou função delta de Dirac. Considera-se que o impulso representa o limite de um pulso de área constante cuja altura tende ao infinito e a largura da base tende a zero, caso representado na Figura 6.1(b).

A equação diferencial do movimento de um sistema amortecido submetido a uma força impulsiva F(t) é escrita como

$$m\ddot{x} + c\dot{x} + kx = F(t)$$

Integrando essa equação no intervalo de tempo Δt, teremos

$$\int_{t1}^{t2} m\ddot{x}dt + \int_{t1}^{t2} c\dot{x}dt + \int_{t1}^{t2} kxdt = \int_{t1}^{t2} F(t)dt \tag{6.1}$$

Podemos assumir que, nesse pequeno intervalo de tempo $\Delta t \to 0$, e para as condições iniciais $x(0)$ e $\dot{x}(0) = 0$, a Equação (6.1) fica

$$\int_{t1}^{t2} m\ddot{x}dt = \int_{t1}^{t2} F(t)dt \tag{6.2}$$

Dado que $\ddot{x} = \frac{d\dot{x}}{dt}$, a Equação (6.2) pode ser escrita como

$$\int_{t1}^{t2} m\frac{d\dot{x}}{dt}dt = \int_{t1}^{t2} F(t)dt \tag{6.3}$$

No tempo t_1, a velocidade será $\dot{x}_1$, e, no tempo t_2, $\dot{x}_2$. A Equação (6.3) fica escrita

$$m(\dot{x}_2 - \dot{x}_1) = \int_{t1}^{t2} F(t)dt,\ (\dot{x}_2 - \dot{x}_1) = \Delta\dot{x}$$

$$\Delta\dot{x} = \frac{1}{m}\int_{t1}^{t2} F(t)dt \tag{6.4}$$

A força aplicada nesse intervalo de tempo $\Delta t = t_2 \sim t_1$ representa o impulso, e a integral da Equação (6.4) é chamada impulso linear I. No caso em que o impulso linear for igual a um, será chamado impulso unitário.

$$I = \int_{t1}^{t2} F(t)dt$$

A Equação (6.4) fica

$$\Delta\dot{x} = (\dot{x}_2 - \dot{x}_1) = \frac{I}{m} \tag{6.5}$$

A Equação (6.5) representa o efeito da força impulsiva que atua nesse pequeno intervalo de tempo em que o sistema está inicialmente em repouso; representa o movimento do sistema com velocidade inicial $v_0 = \frac{I}{m}$ e deslocamento inicial $x(0)$ igual a zero, ou seja, considerando que o sistema está inicialmente em repouso, o efeito da força impulsiva atuando nesse curto intervalo de tempo pode ser representado pelo sistema com velocidade inicial $\frac{I}{m}$ e deslocamento zero.

Condições iniciais para o tempo $t = 0$, $x(0) = 0$ e $v_0 = \dot{x}(0) = \frac{I}{m}$.

Para o impulso unitário, $\dot{x}(0) = \frac{1}{m}$.

6.2 RESPOSTA AO IMPULSO

Considerando um sistema subamortecido em vibração livre, a equação do movimento é $m\ddot{x} + c\dot{x} + kx = 0$, cuja resposta, já vista no Capítulo 3, é dada por

$$x(t) = e^{-\xi\omega nt}\left[A\text{sen}(\omega at) + B\cos(\omega at)\right] \tag{6.6}$$

A Equação (6.6) pode ser escrita como

$$x(t) = e^{-\xi\omega nt}\left[x(0)\cos(\omega at) + \left(\frac{\dot{x}(0) + \xi\omega nx(0)}{\omega a}\right)\text{sen}(\omega at)\right], \tag{6.7}$$

sendo $\omega a = \sqrt{1-\xi^2}\cdot\omega n$.

Para as condições iniciais $x(0) = 0$ e $\dot{x}(0) = \frac{I}{m}$, a Equação (6.7) fica

$$x(t) = e^{-\xi\omega nt}\frac{I}{m\omega a}\text{sen}(\omega at) = \frac{Ie^{-\xi\omega nt}}{m\omega a}\text{sen}(\omega at) \tag{6.8}$$

A Equação (6.8) é chamada função resposta ao impulso. Para o impulso unitário, a resposta é escrita como

$$x(t) = \frac{e^{-\xi\omega nt}}{m\omega a}\text{sen}(\omega at) \text{ ou}$$

$$x(t) = H(t) = \frac{1}{m\omega a}e^{-\xi\omega nt}\text{sen}(\omega at) \tag{6.9}$$

No caso não amortecido ($\xi = 0$), $\omega a = \omega n$, a resposta impulsiva unitária fica

$$x(t) = H(t) = \frac{1}{m\omega n}\text{sen}(\omega nt) \tag{6.10}$$

Exemplo 6.1

Escrever a resposta de um sistema amortecido com massa de 5 kg, que apresenta rigidez k = 4.500 N/m e coeficiente de amortecimento viscoso c = 120 Ns/m. O sistema recebe uma força de impacto de magnitude 5.000 N em um intervalo de tempo de 0,01 s, sendo o tempo inicial zero.

O impulso linear é da forma

$$I = \int_{t1}^{t2} F(t)dt = \int_{0}^{0,01} 5.000dt = 5.000(0,01 - 0) = 50\ N\cdot s,$$

ou fazendo

$$I = F(\Delta t) = F(t_2 - t_1) = 5.000(0,01 - 0) = 50\ N\cdot s.$$

A resposta é da forma:

$$x(t) = \frac{Ie^{-\xi\omega nt}}{m\omega a}\,\text{sen}(\omega at)$$

$$\omega n = \sqrt{\frac{k}{m}} = \sqrt{\frac{4.500}{5}} = 30 \text{ rad/s},\ \xi = \frac{C}{Cc} = \frac{120}{2 \cdot 5 \cdot 30} = 0{,}4,\ \omega a = \sqrt{1-\xi^2}\,\omega n = 27{,}49 \text{ rad/s}.$$

A resposta fica escrita e representada no gráfico:

$$x(t) = \frac{50e^{-12t}}{137{,}45}\,\text{sen}(27{,}49t).$$

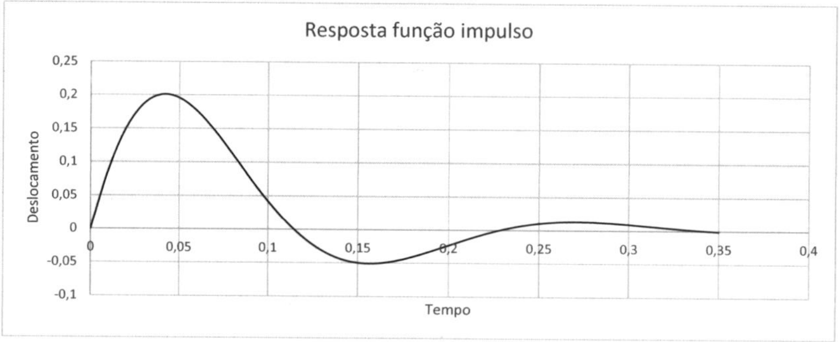

Figura 6.2 – Gráfico de resposta da função impulso de sistema subamortecido.

6.3 FUNÇÃO FORÇANTE DEGRAU

A equação de um sistema de vibração forçada sem amortecimento é dada

$$m\ddot{x} + kx = F(t)\ (\div\, m)$$

$$\ddot{x} + \omega n^2 = \frac{F(t)}{m} \tag{6.11}$$

Como visto no Capítulo 4, a solução geral é a composição entre a solução complementar xc, regime transiente; e a solução particular xp, regime estacionário.

$$x(t) = xc + xp$$

$$x(t) = A\text{sen}(\omega nt) + B\cos(\omega nt) + \frac{F0}{m} \tag{6.12}$$

A solução particular do Capítulo 4 foi obtida usando-se uma função periódica. Assumindo-se que a entrada seja constante, não periódica, a solução particular também será constante, e fazendo xp = D. Da Equação (6.11), podemos escrever[2]

$$D = \frac{Fo}{m\omega n^2} = \frac{Fo}{\frac{m \cdot k}{m}} = \frac{Fo}{k} \tag{6.13}$$

A solução particular do deslocamento será a razão entre a força de entrada Fo e a constante de rigidez k, sendo interpretada como o deslocamento ocorrido devido à carga Fo aplicada estaticamente.

A Equação (6.11) fica reescrita

$$\ddot{x} + \omega n^2 = \frac{F0}{k},$$

ou na forma da expressão

$$x(t) = A\text{sen}(\omega nt) + B\cos(\omega nt) + \frac{F0}{k}. \tag{6.14}$$

A Equação (6.14) deve satisfazer as condições iniciais x(0) e $\dot{x}(0) = 0$.

$$\text{Para } t = 0, B = -\frac{F0}{k}$$

$$\dot{x}(t) = A\omega n\cos(\omega nt) + B\omega n\text{sen}(\omega nt)$$

$$A = \frac{\dot{x}(t)}{\omega n} = 0$$

A Equação (6.14) fica escrita

$$x(t) = -\frac{F0}{k}\cos(\omega nt) + \frac{F0}{k} = \frac{F0}{k}[1 - \cos(\omega nt)] \tag{6.15}$$

$$\dot{x}(t) = \frac{F0}{k}\omega n\text{sen}(\omega nt)$$

Para o caso do sistema forçado amortecido, a equação do movimento, como já visto no Capítulo 5, fica escrita

$$m\ddot{x} + c\dot{x} + kx = F(t)\ (\div\ m)$$

2 Burton, Thomas D. **Introduction to dynamics systems analysis**, p. 238.

$$\ddot{x} + 2\xi\omega n\dot{x} + \omega n^2 x = \frac{F0}{m}, \text{ sendo } \frac{c}{m} = 2\xi\omega n$$

Considerando a resposta como a soma das soluções complementar e particular, teremos:

$$x(t) = e^{-\xi\omega nt}\,[A\text{sen}(\omega at) + B\cos(\omega at)] + \frac{F0}{k}. \tag{6.16}$$

Nas condições iniciais:

$$\text{para } t = 0,\ x(0) = 0;\ B = -\frac{F0}{k}.$$

A expressão de velocidade:

$$\dot{x}(t) = -\xi\omega n e^{-\xi\omega nt}\,[A\text{sen}(\omega at) + B\cos(\omega at)] + e^{-\xi\omega t}[A\omega a\cos(\omega at) - B\omega a\text{sen}(\omega at)].$$

Para $t = 0,\ \dot{x}(0) = -\xi\omega nB + \omega aA;\ A = \dfrac{\xi\omega nB}{\omega a}.$

A Equação (6.16) fica:

$$x(t) = e^{-\xi\omega nt}\left[\frac{\xi\omega nB}{\omega a}\text{sen}(\omega at) - \frac{F0}{k}\cos(\omega at)\right] + \frac{F0}{k}$$

$$x(t) = e^{-\xi\omega nt}\left[\frac{\xi\left(-\frac{F0}{k}\right)}{\sqrt{1 - \xi^2}}\text{sen}(\omega at) - \frac{F0}{k}\cos(\omega at)\right] + \frac{F0}{k}$$

$$x(t) = \frac{F0}{k}\left\{1 - \frac{e^{-\xi\omega nt}}{\sqrt{1 - \xi^2}}\left[\text{sen}(\omega at) + \cos(\omega at)\right]\right\}$$

$$x(t) = \frac{F0}{k}\left[1 - \frac{e^{-\xi\omega nt}}{\sqrt{1 - \xi^2}}\text{sen}(\omega at + \varphi)\right] \tag{6.17}$$

O ângulo de fase, já visto no Capítulo 3, $\varphi = tg^{-1}\dfrac{\sqrt{1-\xi^2}}{\xi}.$

Exemplo 6.2

Um sistema subamortecido com massa 2 kg, rigidez k = 50 N/m e coeficiente de amortecimento viscoso c = 6 Ns/m está submetido a uma força de 50 N. Escrever a resposta para o sistema degrau unitário.

$$x(t) = \frac{F0}{k}\left[1 - \frac{e^{-\xi\omega nt}}{\sqrt{1-\xi^2}}\,\text{sen}(\omega at + \varphi)\right]$$

$$\omega n = \sqrt{\frac{50}{2}} = 5 \text{ rad/s};\ \xi = \frac{6}{2 \cdot 2 \cdot 5} = 0{,}3;\ \omega a = \sqrt{1-0{,}3^2} \cdot 5 = 4{,}77 \text{ rad/s}$$

$$\varphi = tg^{-1}\frac{\sqrt{1-0{,}3^2}}{0{,}3} = 72{,}54^0$$

Período de oscilação: $T_a = \dfrac{2\pi}{4{,}77} = 1{,}317$ s

Tempo de subida (ts): é uma grandeza para que a resposta do sistema submetido à entrada degrau varie entre 10% e 90% do regime permanente. Entretanto, para o caso subamortecido, pode-se adotar entre 0% e 100%.

$$ts = \frac{\pi - \varphi}{\omega a}$$

Instante do pico (tp): é o tempo decorrido até o primeiro pico de onda da resposta.

$$tp = \frac{\pi}{\omega a}$$

Tempo de acomodação ou de estabelecimento (tac): é o tempo necessário para que a resposta do sistema decaia para uma grandeza percentual de d% do valor de regime. Tem significância para baixos valores de ξ.

$$\omega n.tac = -\frac{1}{\xi}\ln\frac{d}{100};\ \text{d pode variar de 1\% a 5\%.}$$

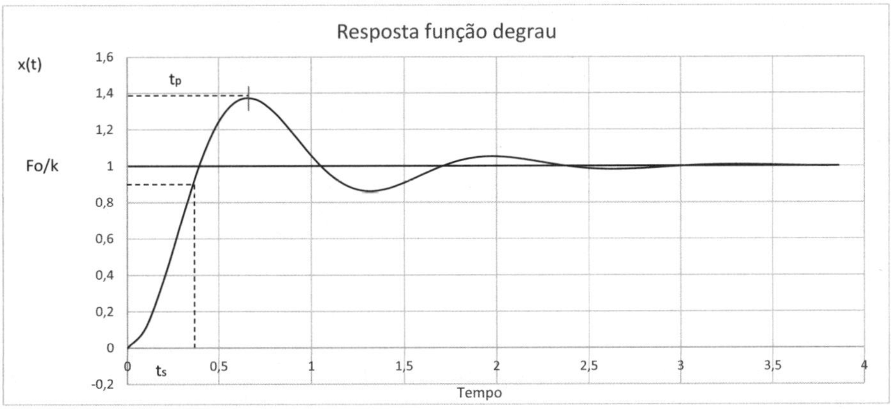

Figura 6.3 – Gráfico de resposta da função degrau de sistema subamortecido.

6.4 RESPOSTA A UMA FUNÇÃO FORÇANTE ARBITRÁRIA

A resposta a uma função excitadora arbitrária F(t) pode ser considerada como composta de uma série de impulsos de magnitudes variadas atuando em um curto intervalo de tempo $\Delta\tau$; dessa forma, para o tempo $t = \tau$, o impulso torna-se $F(\tau)\Delta\tau$ ou

$F(t)\Delta\tau$. Na condição em que $t > \tau$, a resposta do sistema à força impulsiva fica

$$dx = \Delta x(t,\tau) = F(\tau)d\tau \cdot H(t-\tau).$$

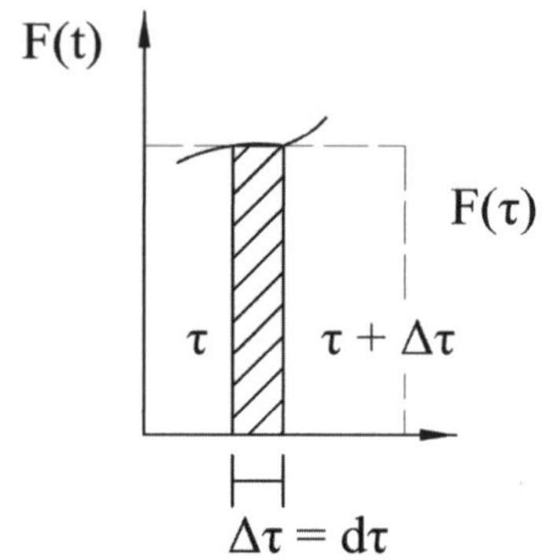

Figura 6.4 – Função forçante arbitrária.

H(t) é uma função resposta impulso unitário descrita na Equação (6.9).

A equação de resposta no tempo t em função do impulso fica

$$dx = F(\tau)d\tau \frac{1}{m\omega a} e^{-\xi\omega n(t-\tau)} \operatorname{sen}\omega a(t-\tau) \tag{6.18}$$

Considerando-se agora a resposta total definida em um tempo t, ela representa a somatória dos impulsos incrementais:

$$F(\tau)d\tau \text{ sendo } t > \tau \text{ e } \Delta\tau 0.$$

A resposta fica:

$$x(t) = \int_0^t F(\tau)H(t-\tau)d\tau \tag{6.19}$$

$$x(t) = \frac{1}{m\omega a} \int_0^t F(\tau)e^{-\xi\omega n(t-\tau)} \operatorname{sen}\omega a(t-\tau)d\tau. \tag{6.20}$$

As Equações (6.19) e (6.20) são chamadas integral de convolução ou integral de Duhamel.

No caso de um sistema não amortecido, $\xi = 0$, reproduzindo a Equação (6.10):

$$H(t) = \frac{1}{m\omega n}\,\text{sen}(\omega nt)$$

A resposta forçada fica:

$$x(t) = \frac{1}{m\omega n}\int_0^t F(\tau)\text{sen}\omega n(t-\tau)d\tau. \tag{6.21}$$

Considerando não apenas o regime permanente, mas, também, o regime transiente, e levando em conta os efeitos das condições iniciais, obtemos a equação de resposta da solução geral.

$$x(t) = \frac{\dot{x}(0)}{\omega n}\,\text{sen}(\omega nt) + x(0)\cos(\omega nt) + \frac{1}{m\omega n}\int_0^t F(\tau)\text{sen}\omega n(t-\tau)d\tau$$

CAPÍTULO 7
EQUAÇÕES DE LAPLACE

7.1 DEFINIÇÕES

Utiliza-se a transformada de Laplace para a solução das equações de resposta de um dado sistema de comportamento linear transformando as equações diferenciais em equações algébricas. A técnica laplaciana transforma as equações diferenciais em função do tempo para expressões em função de uma variável complexa expressa em s, onde s é definida pelo plano $s = \sigma \pm i\omega$, sendo σ a parte real e $i\omega$ a parte imaginária de s, portanto, a transformada de Laplace (TL) transforma um problema da variável no domínio do tempo para o domínio da variável complexa s, F(s); uma vez no domínio de s, utiliza-se a transformada inversa de Laplace (L^{-1}) e obtém-se a expressão novamente no domínio de t, utilizando a Tabela 7.1 de transformada de Laplace.

Procedimentos para realizar a inversão de Laplace:

a) o polinômio do numerador deverá ter grau menor que o do denominador;

b) fatorar a função transferência F(s) utilizando as raízes do polinômio;

c) fazer a expansão em frações parciais;

d) utilizar a tabela de transformada de Laplace para obter f(t) como a função correspondente.

7.2 A TRANSFORMADA DE LAPLACE

Seja dada uma função no tempo, a transformada de Laplace de f(t) é dada por

$$L\,[f(t)] = \int_0^{\infty} f(t)\, e^{-st}\, dt = F(s),$$

onde $s = \sigma \pm i\omega$, $i = \sqrt{-1}$, $i^2 = -1$.

Considere um sistema livre amortecido. Sua equação diferencial no tempo será

$$f(t) = m\ddot{x} + c\dot{x} + kx = 0.$$

Ao escrevermos essa equação no domínio de s, teremos a função transferência

$$F(s) = mL\{f''(t)\} + cL\{f'(t)\} + kL\{f(t)\} = 0$$

$$\frac{d^2x}{dt^2} = f''(t), \frac{dx}{dt} = f'(t), x = f(t).$$

Resolvendo para um sistema de 1ª ordem,

$$L\{f'(t)\} = \int_0^\infty e^{-st} f'(t)dt.$$

Lembrando $\int udv = uv - \int vdu$, $u = e^{-st}$, $du = -se^{-st}$, $dv = f'(t)dt$, $v = f(t)$

$$L\{f'(t)\} = e^{-st} f(t) |_0^\infty + s\int_0^\infty f(t)\, e^{-st}\, dt$$

$$L\{f'(t)\} = e^{-s\infty} f(\infty) - e^{so} f(0) + \int_0^\infty e^{-st} f'(t)dt$$

$$e^{-s\infty} f(\infty) = 0, -e^{so}f(0) = -1, \int_0^\infty e^{-st} f'(t)dt = L[f(t)] = F(s)$$

$$L\{f'(t)\} = -f(0) + sF(s)$$

Resolvendo para um sistema de 2ª ordem,

$$L\{f''(t)\} = \int_0^\infty e^{-st} f''(t)dt$$

$$L\{f''(t)\} = e^{-st} f'(t) |_0^\infty + s\int_0^\infty f'(t)\, e^{-st}\, dt$$

$$L\{f''(t)\} = e^{-s\infty} f'(\infty) - e^{so}f'(0) + s\int_0^\infty e^{-st} f'(t)dt$$

$$L\{f''(t)\} = -f'(0) + s[sF(s) - f(0)]$$

$$L\{f''(t)\} = s^2F(s) - sf(0) - f'(0).$$

A equação do sistema amortecido no domínio de s fica

$$m\,[s^2F(s) - sf(0) - f'(0)] + c[-f(0) + sF(s)] + k[F(s)] = 0$$

Condições iniciais para o tempo $t = 0$;

$f(0)$ = deslocamento inicial;

$f'(0) = \dot{f}(0)$ = velocidade inicial.

Tabela 7.1 – Tabela de transformada de Laplace

	f(t)	F(s)	Descrição
1	$\delta(t)$	1	Função impulso unitário
2	$h(t) = 1$	$\frac{1}{s}$	Função degrau unitário
3	$\frac{1}{(n-1)!} t^{n-1}e^{-at}$	$\frac{1}{(s+a)^n}$	n = 1,2,3...
4	e^{-at}	$\frac{1}{s+a}$	Exponencial
5	$sen(\omega t)$	$\frac{\omega}{s^2+\omega^2}$	
6	$cos(\omega t)$	$\frac{s}{s^2+\omega^2}$	
7	$e^{-at}sen(\omega t)$	$\frac{\omega}{(s+a)^2+\omega^2}$	
8	$e^{-at}cos(\omega t)$	$\frac{s+a}{(s+a)^2+\omega^2}$	
9	$\frac{1}{\omega a} e^{-\xi\omega nt}sen(\omega at)$	$\frac{1}{s^2+2\xi\omega ns+\omega n^2}$	Resposta ao impulso de um sistema de um grau de liberdade
10	$1-\frac{\omega n}{\omega a} e^{-\xi\omega nt}sen(\omega at+\phi)$	$\frac{\omega n^2}{s(s^2+2\xi\omega ns+\omega n^2)}$	Resposta ao degrau de um sistema de um grau de liberdade
11	$-\frac{\omega n}{\omega a} e^{-\xi\omega nt}sen(\omega at-\phi)$	$\frac{s}{s^2+2\xi\omega ns+\omega n^2}$	
12	$\frac{\omega n}{\omega a} e^{-\xi\omega nt}sen(\omega at+\phi)$	$\frac{s+2\xi\omega n}{s^2+2\xi\omega ns+\omega n^2}$	Resposta de um sistema de um grau de liberdade para um dado deslocamento inicial

Exemplo 7.1

Dada a função de transferência, encontrar as raízes, expressá-las em frações parciais e escrever a função no domínio do tempo.

$$F(s) = \frac{s + 5}{s^2 + 3s + 2}$$

O numerador, s + 5 = 0, s = – 5.

O polinômio do denominador é uma equação de 2º grau, e as raízes serão

$$s_1 = -1 \text{ e } s_2 = -2.$$

Esse polinômio pode ser escrito em frações parciais:

$$s^2 + 3s + 2 = (s + 1)(s + 2).$$

O sinal dos termos 1 e 2 são tomados contrariamente aos das raízes, pois o termo é s menos o polo.

Reencontrando-se a raiz do numerador:

$F(s) = \dfrac{s + 5}{s^2 + 3s + 2} = \dfrac{A}{s + 1} + \dfrac{B}{s + 2}$, em que A e B são constantes arbitrárias. Tirando o mínimo múltiplo comum, teremos:

$$F(s) = \frac{s + 5}{s^2 + 3s + 2} = \frac{A(s + 2)}{s + 1} + \frac{B(s + 1)}{s + 2}.$$

Determinamos as constantes A e B, trabalhando com os numeradores, substituindo as raízes.

Para s = – 1, 4 = A · 1 + B · 0, A = 4;

para s = – 2, 3 = A · 0 + B(–1), B = –3, teremos

$$s + 5 = 4(s + 2) - 3(s + 1) = 4s + 8 - 3s - 3 = s + 5 = 0,\ s = -5.$$

As raízes serão: numerador s = – 5, denominador s = – 1 e – 2.

As funções inversas de Laplace serão

$$L^{-1}[F(s)] = \frac{A}{s + 1} + \frac{B}{s + 2} = \frac{4}{s + 1} - \frac{3}{s + 2} = L^{-1}\left[4\frac{1}{s + 1}\right] - L^{-1}\left[3\frac{1}{s + 2}\right].$$

Da linha 4 da Tabela 7.1, temos $F(s) = \dfrac{1}{s + a}$, $f(t) = e^{-at}$

$$f(t) = 4e^{-t} - 3e^{-2t}$$

Exemplo 7.2

Escrever a função transferência no domínio do tempo

$$F(s) = \frac{s^2 + 4s - 24}{s^3 - s^2 - 12s}.$$

Fatorando-se o denominador

$$s^3 - s^2 - 12s = s(s + 3)(s - 4),$$

há 3 termos em s:

$$F(s) = \frac{s^2 + 4s - 24}{s^3 - s^2 - 12s} = \frac{A}{s} + \frac{B}{s + 3} + \frac{C}{s - 4}. \qquad \text{(a)}$$

Encontrando-se as incógnitas A, B e C, mínimo múltiplo comum,

$$A(s + 3)(s - 4) + Bs(s - 4) + Cs(s + 3).$$

Trabalhando com o numerador:

$$s^2 + 4s - 24 = A(s + 3)(s - 4) + Bs(s - 4) + Cs(s + 3)$$

$$A(s^2 - 4s + 3s - 12) + B(s^2 - 4s) + C(s^2 + 3s)$$

$$As^2 - A4s + A3s - A12 + Bs^2 - B4s + Cs^2 + C3s$$

$$s^2(A + B + C) + s(- A4 + A3 - B4 + C3) - 12A$$

$$s^2(A + B + C) + s\,(- A - B4 + C3) - 12A$$

$$s^2 + 4s - 24 = s^2(A + B + C) + s\,(- A - B4 + C3) - 12A$$

$$A + B + C = 1; - A = 4B + 3C = 4; - 12A = - 24$$

Resolvendo e encontrando as incógnitas:

$$A = 2; B = - 1{,}285; C = 0{,}285 \text{ inserindo-se em (a),}$$

$$F(s) = \frac{2}{s} - \frac{1{,}285}{s + 3} + \frac{0{,}285}{s - 4}$$

$$L^{-1}[F(s)] = 2\,\frac{1}{s} - 1{,}285\,\frac{1}{s + 3} + 0{,}285\,\frac{1}{s - 4} \text{ Tabela 7.1, linhas 2 e 4}$$

$$f(t) = 2 - 1{,}285e^{-3t} + 0{,}285e^{4t}$$

7.3 FORMULAÇÃO POR LAPLACE DE CASOS ESTUDADOS

7.3.1 VIBRAÇÃO LIVRE SEM AMORTECIMENTO

Para um bloco de massa m ligado a uma mola que apresenta rigidez k, que inicialmente esteja deslocado X de sua posição de equilíbrio, sendo X a amplitude do movimento, e, a partir dessa condição inicial, é solto e oscila naturalmente, sem a ação de uma força externa, como visto no Capítulo 1. Por meio da formulação de Laplace, queremos escrever as equações que regem esse sistema em função do tempo.

A equação diferencial para a solução geral é da forma

$$m\ddot{x} + kx = 0, \text{ ou } (\div m),\ \ddot{x} + \omega n^2 x = 0$$

Uma vez que o movimento se inicia a partir do deslocamento máximo, tendo a velocidade igual a zero, para essa condição inicial, o tempo é igual a zero. A partir desse conhecimento prévio de que a forma de onda que rege o movimento é cossenoidal, pois parte de um deslocamento máximo e a amplitude não varia, vemos na linha 6 da Tabela 7.1 a função transferência correspondente. Entretanto, escrevendo a função no domínio de s e considerando a solução geral como resposta, em função do seno e cosseno, temos:

$$F(s) = m[s^2y(s) - sy(0) - \dot{y}(0)] + ky(s) = 0\ (\div m)$$

$$F\ (s) = s^2y(s) - sy(0) - \dot{y}(0) + \omega n^2y(s) = 0.$$

$y(0)$ = deslocamento inicial, $\dot{y}(0)$ = velocidade inicial.

$$F(s) = [s^2 + \omega n^2]y(s) = sy(0) + \dot{y}(0)$$

A função transferência:

$$F(s) = \frac{sy(0) + \dot{y}(0)}{s^2 + \omega n},\ y(0) = B;\ \dot{y}(0) = A\omega n$$

$$F(s) = \frac{Bs}{s^2 + \omega^2} + \frac{A\omega n}{s^2 + \omega^2} \text{ Tabela 7.1, linhas 5 e 6}$$

$$L^{-1}\ B\left[\frac{s}{s^2 + \omega^2}\right] + L^{-1}\ A\left[\frac{\omega n}{s^2 + \omega^2}\right]$$

$$x(t) = B\cos(\omega nt) + A\mathrm{sen}(\omega nt).$$

7.3.2 VIBRAÇÕES LIVRES AMORTECIDAS

Vimos no Capítulo 3 os três casos de amortecimento, os quais são representados pelo fator de amortecimento ξ; sendo $\xi < 1$, o caso é chamado subamortecido; $\xi = 1$, o caso é amortecido criticamente; e $\xi > 1$, o caso é superamortecido. Haverá oscilação somente no caso subamortecido.

Caso subamortecido ($\xi < 1$)

Em nosso caso estudado, partimos de um deslocamento inicial, portanto, uma função cossenoidal; porém, a amplitude X decai exponencialmente no tempo; haverá, por consequência, um termo exponencial multiplicando a amplitude, provocando o decaimento. A partir dessa análise, teremos na linha 8 da tabela de Laplace a função de transferência correspondente.

Escrevendo-se a equação diferencial em função do tempo:

$$m\ddot{x} + c\dot{x} + kx = 0 \ (\div\ m)$$

$$\omega n^2 = \frac{k}{m},\ \xi = \frac{C}{2m\omega n},\ \frac{c}{m} = 2\xi\omega n,\ \omega a = \sqrt{1-\xi^2}\ \omega n$$

$\ddot{x} + 2\xi\omega n\dot{x} + \omega n^2 x = 0$, equação já definida no Capítulo 3.

A resposta do sistema subamortecido no domínio do tempo,

$$x(t) = e^{-\xi\omega nt}\,[A\mathrm{sen}(\omega at) + \cos(\omega at)].$$

A equação diferencial no domínio de s,

$$F(s) = s^2y(s) - sy(0) - \dot{y}(0) + 2\xi\omega n[sy(s) - y(0)] + \omega n^2y(s) = 0$$

$$F(s) = [s^2 + 2\xi\omega ns + \omega n^2]y(s) = [s + 2\xi\omega n]y(0) + \dot{y}(0)$$

$$F(s) = \frac{(s + 2\xi\omega n)y(0) + \dot{y}(0)}{s^2 + 2\xi\omega ns + \omega n^2}.$$

No caso subamortecido, a frequência natural amortecida está no eixo imaginário. Fatorando-se o denominador,

$$s^2 + 2\xi\omega ns + \omega n^2 = (s + a + i\omega a)(s + a - i\omega a) = (s + a)^2 + \omega a^2\ (a = \xi\omega n).$$

A função transferência fica escrita

$$F(s) = \frac{y(0)(s + 2\xi\omega n)}{(s + a)^2 + \omega a^2} + \frac{\dot{y}(0)}{(s + a)^2 + \omega a^2}$$

$$y(0) = B',\ A' = [\dot{y}(0) + \xi\omega ny(0)]/\omega a$$

$\dot{y}(0) = A'\omega a - \xi\omega ny(0)$, dadas as condições iniciais, A' é máximo quando o deslocamento $y(0) = 0$.

$$F(s) = B'\,\frac{(s + a)}{(s + a)^2 + \omega a^2} + A'\,\frac{\omega a}{(s + a)^2 + \omega a^2}\ \text{Tabela 7.1, linhas 7 e 8}$$

$$L^{-1}\left[B'\frac{(s+a)}{(s+a)^2+\omega a^2}+A'\frac{\omega a}{(s+a)^2+\omega a^2}\right]$$

$$f(t) = B'e^{-at}\cos(\omega at) + A'e^{-at}\,\mathrm{sen}(\omega at)$$

$$f(t) = e^{-at}[A'\mathrm{sen}(\omega at) + B'\cos(\omega at)]$$

Caso amortecido criticamente ($\xi = 1$)

A resposta do sistema criticamente no domínio do tempo,

$$x(t) = e^{-\omega nt}[C_1 + C_2 t].$$

A equação no domínio de s,

$$F(s) = s^2y(s) - sy(0) - \dot{y}(0) + 2\omega n[sy(s) - y(0)] + \omega n^2 y(s) = 0$$

$$[s^2 + 2\omega ns + \omega n^2]\, y(s) = [s + 2\omega n]\, y(0) \text{ para } \dot{y}(0) = 0$$

$$F(s) = \frac{s + 2\omega n}{s^2 + 2\omega ns + \omega n^2}.$$

O sistema criticamente amortecido possui uma única raiz, $s_{1,2} = -\omega n$.

O denominador fica escrito em frações parciais:

$$s^2 + 2\omega ns + \omega n^2 = (s + \omega n)^2$$

$$F(s) = \frac{s + 2\omega n}{(s+\omega n)^2} = \frac{C_1}{s+\omega n} + \frac{C_2}{(s+\omega n)^2} \text{ multiplicando-se por } (s+\omega n)^2.$$

Analisando-se o numerador, a fim de encontrarmos as constantes C_1 e C_2,

$$s + 2\omega n = C_1(s + \omega n) + C_2$$

$$s + 2\omega n = C_1 s + C_1\omega n + C_2.$$

$s = C_1 s$, $C_1 = 1$, fazendo deslocamento inicial (X) unitário.

$$2\omega n = 1\omega n + C_2$$

$$C_2 = \omega n C_1$$

A função transferência fica escrita:

$$F(s) = C_1\frac{1}{s+\omega n} + C_2\frac{1}{(s+\omega n)^2}.$$

Tabela 7.1, linhas 3 e 4, sendo $a = \omega n$.

$$L^{-1}\frac{1}{s+\omega n} = e^{-\omega nt},\ L^{-1}\frac{1}{(s+\omega n)^2} = te^{-\omega nt}$$

$$f(t) = C_1e^{-\omega nt} + C_2te^{-\omega nt} = [C_1 + C_2t]e^{-\omega nt}$$

Caso superamortecido ($\xi > 1$)

A resposta do sistema superamortecido no domínio do tempo,

$$x(t) = C_1e^{q1t} + C_2e^{q2t}.$$

A expressão geral em função de s é da forma

$$F(s) = m[s^2y(s) - sy(0) - \dot{y}(0)] + c[sy(s) - y(0)] + ky(s) = 0.$$

$y(0) = X$ = deslocamento inicial;

$\dot{y}(0)$ = velocidade inicial.

Dividindo-se a expressão por m,

$$s^2y(s) - sy(0) - \dot{y}(0) + \frac{c}{m}sy(s) - \frac{c}{m}y(0) + \frac{k}{m}y(s) = 0$$

$\frac{c}{m} = 2\xi\omega n$, $\frac{k}{m} = \omega n^2$, pondo-se y(s) e y(0) em evidência,

$$[s^2 + 2\xi\omega ns + \omega n^2]\ y(s) = (s + 2\xi\omega n)y(0) + \dot{y}(0).$$

Tomando-se as condições iniciais,

$$y(0) = X \text{ e } \dot{y}(0) = 0$$

$$[s^2 + 2\xi\omega ns + \omega n^2]\ y(s) = [s + 2\xi\omega n]\ y(0),$$

a função transferência fica escrita:

$$F(s) = \frac{(s + 2\xi\omega n)X}{s^2 + 2\xi\omega ns + \omega n^2}.$$

Escrevendo-se as raízes do denominador como

$$s_{1,2} = \frac{-2\xi\omega n \pm \sqrt{(-2\xi\omega n)^2 - 4\omega n^2}}{2};\ s_1 = -a \text{ e } s_2 = -b.$$

O denominador em frações parciais com os sinais trocados,

$$s^2 + 2\xi\omega ns + \omega n^2 = (s + a)(s + b).$$

Trabalhando com o numerador, a fim de encontrarmos as constantes C_1 e C_2,

$$X(s + 2\xi\omega n) = \frac{C_1}{s + a} + \frac{C_2}{s + b} = C_1(s + b) + C_2(s + a).$$

Para s = – a,

$$X(-a + 2\xi\omega n) = C_1(-a + b);\ C_1 = \frac{X(-a + 2\xi\omega n)}{b - a}.$$

Para s = – b

$$X(-b + 2\xi\omega n) = C_2(-b + a);\ C_2 = \frac{X(-b + 2\xi\omega n)}{a - b}$$

$$F(s) = \frac{C_1}{s + a} + \frac{C_2}{s + b} = C_1\frac{1}{s + a} - C_2\frac{1}{s + b}.$$

Tabela 7.1, item 4.

$$L^{-1}\frac{1}{s + a} = e^{-at} \qquad L^{-1}\frac{1}{s + b} = e^{-bt}$$

$$f(t) = C_1e^{-at} - C_2e^{-bt}$$

Exercício 7.1

Considere o exemplo 3.1 visto no Capítulo 3, do caso superamortecido, sendo $\omega n = 6$ rad/s, $\xi = 2$, deslocamento inicial X = 70 mm = 7 cm, $2\xi\omega n = 24$ rad/s.

$$F(s) = \frac{(s + 2\xi\omega n)X}{s^2 + 2\xi\omega ns + \omega n^2} = \frac{(s + 24)X}{s^2 + 24s + 36}$$

As raízes do polinômio, $s_1 = -1{,}61 = a$; $s_2 = -22{,}39 = b$.

O denominador em frações parciais:

$$s^2 + 24s + 36 = (s + 1{,}61)(s + 22{,}39).$$

Resolvendo-se o numerador para encontrarmos as constantes C_1 e C_2,

$$(s + 24)X = \frac{C_1}{s + 1{,}61} + \frac{C_2}{s + 22{,}39} = C_1(s + 22{,}39) + C_2(s + 1{,}61).$$

Para s = – 1,61,

$$156{,}73 = 20{,}78C_1,\ C_1 = 7{,}54.$$

Para s = – 22,39,

$$11,27 = -20,78C_2, C_2 = -0,54$$

$$F(s) = \frac{C_1}{s+1,61} - \frac{C_2}{s+22,39} = C_1\frac{1}{s+1,61} - C_2\frac{1}{s+22,39}.$$

Tabela 7.1, item 4, $L^{-1}\frac{1}{s+a} = e^{-at}$.

$$x(t) = 7,54e^{-1,61t} - 0,54e^{-22,39t} = x(t) = 0,07538e^{-1,6t} - 0,00538e^{-22,4t}$$

7.3.3 SISTEMAS COM FORÇAS HARMÔNICAS

Vibração forçada sem amortecimento

Vamos considerar o exemplo numérico 4.1, dado no Capítulo 4.

Em um sistema com massa 10 kg, rigidez 25 kN/m, ωn = 50 rad/s, é aplicada uma força dada por F =180cos40t, sendo ω = 40 rad/s, F_0 = 180N, nas condições iniciais y(0) = 0,01m e $\dot{y}(0)$ = 0,866 m/s. Queremos escrever a resposta no tempo pela formulação de Laplace.

$$m\ddot{x} + kx = F_0\cos(\omega t) \text{ da Tabela 7.1, } f(t) = \cos\omega,\ F(s) = \frac{s}{s^2+\omega^2}$$

$$m[s^2 F(s) - sy(0) - \dot{y}(0)] + k\,F(s) = F_0\frac{s}{s^2+\omega^2}$$

$$10[s^2 F(s) - 0,01s - 0,866] + 25.000\,F(s) = \frac{Fos}{s^2+40^2}$$

$$10s^2F(s) - 0,1s - 8,66 + 25.000\,F(s) = \frac{180s}{s^2+40^2}$$

$$[10s^2 + 25.000]\,F(s) = 0,1s + 8,66\frac{180s}{s^2+1.600}$$

$$[10s^2 + 25.000]\,F(s) = \frac{0,1s^3 + 8,66s^2 + 160s + 13.856 + 180s}{s^2+1.600}$$

$$F(s) = \frac{0,1s^3 + 8,66s^2 + 160s + 13.856 + 180s}{(10s^2+25.000)(s^2+1.600)}$$

$$F(s) = \frac{0,1s^3 + 8,66s^2 + 340s + 13.856}{(10s^2+25.000)(s^2+1.600)} = \frac{As+B}{10s^2+25.000} + \frac{Cs+D}{s^2+1.600} \quad \text{(a)}$$

Encontrando-se as constantes A, B, C e D,

$$F(s) = As^3 + Bs^2 + 1.600As + 1.600B + 10Cs^3 + 10Ds^2 + 25.000Cs + 25.000D$$

$$(10C + A)s^3 + (B + 10D)s^2 + (1.600A + 25.000C)s + 1.600B + 25.000D$$

Comparando-se com o numerador da Equação (a),

$$A + 10C = 0{,}1;\ B + 10D = 8{,}66;\ 1.600A + 25.000C = 340;\ 1.600B + 25.000D = 13.856$$

Resolvendo as equações, encontramos as incógnitas

$$A = -\ 0{,}1;\ B = 8{,}66;\ C = 0{,}02;\ D = 0$$

A função transferência:

$$F(s) = \frac{-\ 0{,}1s + 8{,}66}{10s^2 + 25.000} + \frac{0{,}02s}{s^2 + 1.600} = \frac{-\ 0{,}01s + 0{,}866}{s^2 + 2.500} + \frac{0{,}02s}{s^2 + 1.600}$$

$$F(s) = -\ 0.01\left(\frac{s}{s^2 + 50^2}\right) + 0{,}01732\left(\frac{50}{s^2 + 50^2}\right) + 0{,}02\left(\frac{s}{s^2 + 40^2}\right) \text{ Tabela 7.1, linhas 5 e 6.}$$

$$f(t) = -\ 0{,}01\cos(50t) + 0{,}01732\text{sen}(50t) + 0{,}02\text{sen}(40t)$$

Vibração forçada caso subamortecido

A equação da vibração forçada subamortecida:

$$m\ddot{x} + c\dot{x} + kx = F_0\text{sen}\omega t\ (\div\ m)$$

$$\ddot{x} + \frac{c}{m}\dot{x} + \frac{k}{m} = \frac{F0}{m}\text{sen}\omega t \qquad \frac{c}{m} = 2\xi\omega n$$

escrevendo-se em função de s,

$$F(s) = s^2y(s) - sy(0) - \dot{y}(0) + 2\xi\omega n[sy(s) - y(0)] + \omega n^2\, y(s) = \frac{F0}{m}\frac{\omega}{s^2 + \omega^2}.$$

Fazendo-se as condições iniciais zero, y(0) e $\dot{y}(0) = 0$:

$$F(s) = s^2y(s) + 2\xi\omega nsy(s) + \omega n^2y(s) = \frac{F0}{m}\frac{\omega}{s^2 + \omega^2} \qquad F_0 = k\delta_0$$

$$F(s) = \frac{k\delta 0}{m} = \omega n^2\delta_0\frac{\omega}{(s^2 + 2\xi\omega ns + \omega n^2)(s^2 + \omega^2)}$$

$$F(s) = \delta_0\frac{\omega\omega n^2}{(s^4 + 2\xi\omega ns^3 + (\omega n^2 + \omega^2)s^2 + 2\xi\omega n\omega^2 s + (\omega n\omega)^2} \tag{7.1}$$

No sistema subamortecido, as raízes são complexas, e, para o polinômio do denominador,

$$s_1 = i\omega,\ s_2 = -i\omega,\ s_3 = -\xi\omega n + i\omega a,\ s_4 = -\xi\omega n - i\omega a.$$

As raízes s_3 e s_4 estão em função do fator de amortecimento e da frequência natural amortecida, características da vibração livre, estado transiente, a qual cessa no tempo.

As raízes s_1 e s_2 estão em função da frequência de excitação ω, característica do estado permanente. Tomando-se a solução na forma:

$$x(t) = C_1 e^{s1t} + C_2 e^{s2t} \qquad e^{at} = \frac{1}{s-a}$$

$$F(s) = C_1 \frac{1}{s-s_1} + C_2 \frac{1}{s-s_2}.$$

Para $s = s_2$, $C_1 = F(s)(s - s_1)$, tomando-se $s_1 = i\omega$, $C_1 = F(s)(s + i\omega)$, $C_1 = \dfrac{F(s)}{s + i\omega}$.

Para $s = s_1$, $C_2 = F(s)(s - s_2)$, tomando-se $s_2 = -i\omega$, $C_2 = F(s)(s - i\omega)$, $C_2 = \dfrac{F(s)}{s - i\omega}$.

Para $s = i\omega$, $(-\omega^2 + i2\xi\omega n\omega + \omega^2)(i2\omega)$.

Para $s = -i\omega$, $(-\omega^2 - i2\xi\omega n\omega + \omega^2)(-i2\omega)$.

Escrevendo-se a equação no tempo:

$$x(t) = \frac{e^{s1t}}{(\omega n^2 - \omega^2 + i2\xi\omega n\omega)(i2\omega)} + \frac{e^{s2t}}{(\omega n^2 - \omega^2 - i2\xi\omega n\omega)(-i2\omega)} \tag{7.2}$$

Dividindo-se por ωn^2, a grandeza $[(\omega n^2 - \omega^2) + i2\xi\omega n\omega]$ fica escrita $\left[1 - \left(\frac{\omega}{\omega n}\right)^2\right] + \left[i2\xi\frac{\omega}{\omega n}\right]$. Esse conjugado complexo possui a magnitude Mag = $\sqrt{\left[1 - \left(\frac{\omega}{\omega n}\right)^2\right]^2 + \left[2\xi\frac{\omega}{\omega n}\right]^2}$, e o ângulo de fase, $\varphi = \text{tang}^{-1}\dfrac{2\xi\frac{\omega}{\omega n}}{1 - \left(\frac{\omega}{\omega n}\right)^2}$; e, para o segundo termo da Equação (7.2,) o ângulo de fase será $-\varphi$.

O inverso da Magnitude $(\text{Mag})^{-1}$ nos dá o fator de amplificação:

$$FA = \frac{1}{\sqrt{\left[1 - \left(\frac{\omega}{\omega n}\right)^2\right]^2 + \left[2\xi\frac{\omega}{\omega n}\right]^2}}.$$

Rearranjando-se a Expressão (7.1), dividindo-se por ω e sendo $\cos\varphi = \frac{1}{2}(e^{i\varphi} + e^{-i\varphi})$,

a Expressão (7.2) fica

$$x(t) = \delta_0 FA[e^{i(\omega t - \varphi)} + e^{-i(\omega t - \varphi)}]$$

$$x(t) = X\cos(\omega t - \varphi)$$

7.3.4 SISTEMAS COM FORÇAS NÃO PERIÓDICAS

Impulso subamortecido

A resposta do sistema impulso unitário para o caso subamortecido no domínio do tempo,

$$x(t) = \frac{1}{m\omega a} e^{-\xi\omega nt} \operatorname{sen}(\omega at).$$

A equação laplaceana de um sistema submetido ao impulso,

$$m[s^2y(s) - sy(0) - \dot{y}(0)] + c[sy(s) - y(0)] + ky(s) = I\,F(s)$$

$y(0) = 0$, $\dot{y}(0) = 0$, impulso unitário, $I = 1$

$$ms^2y(s) + cy(s) + ky(s) = 1 \ (\div\, m)$$

$$[s^2 + 2\xi\omega ns + \omega n^2]\, y(s) = \frac{1}{m}$$

$$F(s) = \frac{\frac{1}{m}}{s^2 + 2\xi\omega ns + \omega n^2} = \frac{1}{m}\,\frac{1}{s^2 + 2\xi\omega ns + \omega n^2}$$

Tabela 7.1, linha 9.

$$L^{-1}\frac{1}{s^2 + 2\xi\omega ns + \omega n^2} = \frac{1}{\omega a} e^{-\xi\omega nt}\operatorname{sen}(\omega at)$$

$$f(t) = \frac{1}{m\omega a} e^{-\xi\omega nt}\operatorname{sen}(\omega at)$$

Com o objetivo de trabalharmos com as frações parciais, fazemos:

As raízes do polinômio, $s_{1,2} = -\alpha \pm i\omega a$, $\alpha = \xi\omega n$

$$a = -\alpha + i\omega a,\ b = -\alpha - i\omega a;$$

o polinômio do denominador em frações parciais:

$$s^2 + 2\xi\omega n + \omega n^2 = (s + \alpha)^2 + \omega a^2$$

$$F(s) = \frac{\frac{1}{m}}{(s + \alpha)^2 + \omega a^2} \ (\div\ \omega a)$$

$$F(s) = \frac{1}{m\omega a} \frac{\omega a}{(s + \alpha)^2 + \omega a^2}$$

Tabela 7.1, item 7.

$$L^{-1} \frac{\omega}{(s + a)^2 + \omega^2} = e^{-at}\text{sen}(\omega t)$$

$$f(t) = \frac{1}{m\omega a} e^{-\alpha t}\text{sen}(\omega at)$$

Degrau subamortecido

A resposta do sistema degrau para o caso subamortecido no domínio do tempo,

$$x(t) = \frac{F0}{k}\left\{1 - \frac{e^{-\xi\omega nt}}{\sqrt{1 - \xi^2}}\left[\text{sen}(\omega at) + \cos(\omega at)\right]\right\}$$

$$x(t) = \frac{F0}{k}\left[1 - \frac{e^{-\xi\omega nt}}{\sqrt{1 - \xi^2}} \text{sen}(\omega at + \varphi)\right].$$

Do item 10 da Tabela 7.1, a resposta degrau unitário,

$$F(s) = \frac{\omega n^2}{s(s^2 + 2\xi\omega ns + \omega n^2)} = \frac{1}{s} \frac{\omega n^2}{(s^2 + 2\xi\omega ns + \omega n^2)}.$$

Essa equação pode ser escrita como

$$F(s) = \frac{1}{s} - \frac{s + 2\xi\omega n}{s^2 + 2\xi\omega ns + \omega n^2} \qquad s_{1,2} = -\alpha \pm i\omega a,\ \alpha = \xi\omega n$$

$$F(s) = \frac{1}{s} - \frac{s + \alpha}{(s + \alpha)^2 + \omega a^2} - \frac{\omega a}{(s + \alpha)^2 + \omega a^2}$$

Dos itens 2, 8 e 7 da Tabela 7.1,

$$L^{-1} \frac{1}{s} = 1$$

$$L^{-1}\frac{s+\alpha}{(s+\alpha)^2+\omega a^2}=e^{-\xi\omega t}\cos(\omega at)$$

$$L^{-1}\frac{\omega a}{(s+\alpha)^2+\omega a^2}=e^{-\xi\omega t}\operatorname{sen}(\omega at)$$

A função no domínio de s,

$$F(s)=1-e^{-\xi\omega nt}\left[\cos(\omega at)+\frac{\xi}{\sqrt{1-\xi^2}}\operatorname{sen}(\omega at)\right]$$

$$F(s)=1-e^{-\xi\omega nt}\operatorname{sen}(\omega at+\varphi)\qquad \varphi=tg^{-1}\frac{\sqrt{1-\xi^2}}{\xi}.$$

Considerando-se o ganho $\frac{F0}{k}$,

$$x(t)=\frac{F0}{k}\left[1-\frac{e^{-\xi\omega nt}}{\sqrt{1-\xi^2}}\operatorname{sen}(\omega at+\varphi)\right].$$

CAPÍTULO 8
SISTEMAS COM DOIS GRAUS DE LIBERDADE

8.1 VIBRAÇÕES LIVRES SEM AMORTECIMENTO – AUTOVALORES E AUTOVETORES

Considerando-se agora nossas análises em sistemas com dois graus de liberdade. Em sistemas modelados com um grau de liberdade, escrevemos uma equação diferencial e encontramos uma frequência natural de oscilação. Para sistemas com dois graus de liberdade, seu comportamento dinâmico é descrito por duas equações diferenciais, e encontramos duas frequências naturais; sistemas modelados com três graus de liberdade são descritos por três equações diferenciais, e encontram-se três frequências naturais, e assim por diante.

Em nossas análises para a solução de sistemas com dois graus de liberdade, baseamo-nos na equação fundamental da dinâmica e, por meio das equações dos movimentos, determinamos as frequências naturais de oscilação e os modos de vibrar, resolvendo, dessa forma, problemas de autovalores e autovetores.

Considerando-se inicialmente um sistema massa-mola em vibração livre com o deslocamento positivo indicado para a direita, e desconsiderando-se os atritos. Dado que é um sistema com dois graus de liberdade, necessitamos de duas equações diferenciais para representá-lo em sua condição dinâmica; uma equação relativa ao movimento do bloco 1 e outra relativa ao movimento do bloco 2, e esses movimentos provocam tração e compressão nas molas a eles acopladas. Note-se na Figura 8.1 que a mola 2 acopla o movimento dos blocos 1 e 2.

Quando uma mola estiver tracionada, o vetor força da mola terá como origem o bloco deslocado, "saindo do bloco"; e, quando a mola estiver comprimida, o vetor força terá sua extremidade indicada no bloco, "chegando ao bloco". Da Figura 8.1, queremos escrever as equações gerais obedecendo à equação ΣF = ma.

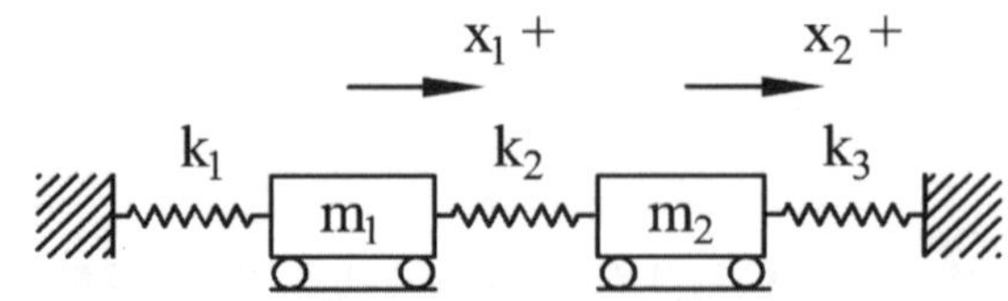

Figura 8.1 – Sistema massa-mola em vibração livre.

Deslocando-se o bloco 1 para a direita e analisando-se a influência das molas 1 e 2 a ele ligadas. A mola 1 está tracionada, e a mola 2, comprimida, acoplando as coordenadas x_1 e x_2 ao movimento dos dois blocos.

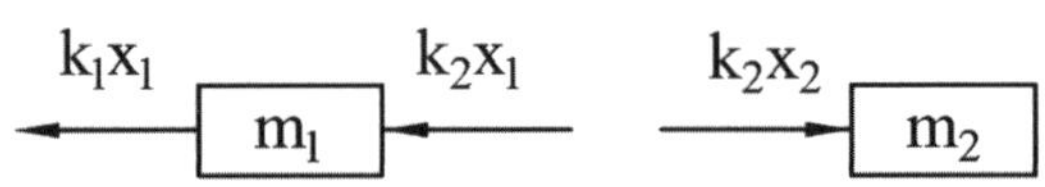

Figura 8.2 – Forças nas molas devido ao deslocamento do bloco 1.

Aplicando-se a segunda lei de Newton (ΣF = ma),

$$-k_1x_1 - k_2x_1 + k_2x_2 = m_1\ddot{x}_1$$

$$m_1\ddot{x}_1 + (k_1 + k_2)x_1 - k_2x2 = 0.$$

Deslocando-se o bloco 2 para a direita e analisando-se a influência das molas 2 e 3 a eles ligadas. Mola 2 tracionada, mola 3 comprimida. A mola 2 acopla, através da coordenada x_1, a força da mola 2, agindo no bloco 1 ao movimento do bloco 2.

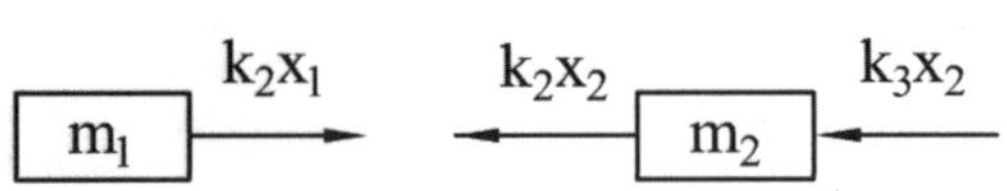

Figura 8.3 – Forças nas molas devido ao deslocamento do bloco 2.

$$k_2x_1 - k_2x_2 - k_3x_2 = m_2\ddot{x}_2$$

$$m_2\ddot{x}_2 - k_2x_1 +(k_2 + k_3)x_2 = 0$$

Agrupando as expressões finais, obtemos o sistema de equações do modelo

$$m_1\ddot{x}_1 + (k_1 + k_2)x_1 - k_2x_2 = 0$$

$$m_2\ddot{x}_2 - k_2x_1 + (k_2 + k_3)x_2 = 0$$

Escrevendo-se na forma matricial,

$$\begin{bmatrix} m_1 & 0 \\ 0 & m_2 \end{bmatrix} \begin{Bmatrix} \ddot{x}_1 \\ \ddot{x}_2 \end{Bmatrix} + \begin{bmatrix} k_1 + k_2 & -k_2 \\ -k_2 & k_2 + k_3 \end{bmatrix} \begin{Bmatrix} x_1 \\ x_2 \end{Bmatrix} = \begin{Bmatrix} 0 \\ 0 \end{Bmatrix}. \quad (8.1)$$

Essa forma matricial pode ser descrita como

$$[M]\{\ddot{x}\} + [K]\{x\} = \{0\}, \quad (8.2)$$

em que:

[M] = matriz de massa, diagonal, simétrica;

[K] = matriz de rigidez, simétrica;

$\{\ddot{x}\}$ = matriz coluna, vetor aceleração;

{x} = matriz coluna, vetor deslocamento.

O fato de a matriz de rigidez ser simétrica não diagonal, significa que as equações são acopladas, ou seja, a vibração de um dos blocos promove vibração em outro pela força que surge na mola acopladora aos dois blocos, no caso, k_2. Esse acoplamento é chamado estático, e as coordenadas x_1 e x_2 escritas no Capítulo 1 em forma de $q(_s)$ são as coordenadas generalizadas que definem as posições dos blocos 1 e 2 no tempo.

Para a solução da Equação (8.2), admitimos o movimento harmônico, e a resposta fica escrita como $x(t) = X\text{sen}(\omega nt)$, $\ddot{x}(t) = -X\omega n^2\text{sen}(\omega nt)$. Substituindo-se na Equação (8.2),

$$-\omega n^2[M]\{X\} + [K]\{X\} = \{0\}$$

$$|[K] - \omega n^2[M]|\ \{X\} = 0. \quad (8.3)$$

As Equações (8.2) ou (8.3) podem ser resolvidas pelo chamado problema de autovalores (λ) e autovetores (X), por meio dos quais encontramos as frequências naturais de vibração e os modos de vibrar, os quais definem a configuração do comportamento do sistema.

Tomando-se a Equação (8.3). Para encontrarmos os autovalores, pré-multiplicamos pela inversa da matriz de massa $[M]^{-1}$ e teremos

$$|[M]^{-1}[K] - \omega n^2\,[M]^{-1}[M]|\ \{X\} = \{0\} \quad (8.4)$$

$[M]^{-1}[M] = [I]$ = matriz identidade;

$[M]^{-1}[K] = [D]$ = matriz dinâmica.

λ = autovalor, $\lambda = \omega n^2$

A Equação (8.4) fica:

$$[-\lambda I]\{X\} + [D]\{X\} = \{0\}$$

$$[D - \lambda I]\{X\} = \{0\}. \tag{8.5}$$

Resolvendo o determinante $|D - \lambda I| = 0$, encontramos as incógnitas λ_{is} pela solução do polinômio. Essas raízes dão os autovalores e serão dispostas em ordem crescente, sendo $\omega n = \sqrt{\lambda}$. A menor frequência é chamada fundamental; é a frequência que provoca a maior amplitude de vibração, portanto, a mais perigosa pelas tensões induzidas, possibilidade de deformação permanente, fadiga etc. Pela substituição dos valores de λ na Equação (8.5) e resolvendo-a, encontramos os autovetores, os quais representam os modos de vibração, a configuração de seu comportamento, mas não sua amplitude. Esses modos são chamados modos normais.

Podemos escrever as expressões gerais por meio da Equação (8.5) utilizando a forma matricial dada na Equação (8.1).

A matriz dinâmica fica:

$$[D] = [M]^{-1}[K] = \begin{bmatrix} \frac{1}{m_1} & 0 \\ 0 & \frac{1}{m_2} \end{bmatrix} \begin{bmatrix} k_1 + k_2 & -k_2 \\ -k_2 & k_2 + k_3 \end{bmatrix} = \begin{bmatrix} \frac{1}{m_1}(k_1 + k_2) & -\frac{1}{m_1}k_2 \\ -\frac{1}{m_2}k_2 & \frac{1}{m_2}(k_2 + k_3) \end{bmatrix}$$

$$[D - \lambda I] = \begin{bmatrix} \frac{1}{m_1}(k_1 + k_2) - \lambda & \left(-\frac{1}{m_1}k_2\right) \\ \left(-\frac{1}{m_2}k_2\right) & \frac{1}{m_2}(k_2 + k_3) - \lambda \end{bmatrix} = 0.$$

Resolvendo-se o determinante, a expressão geral do polinômio fica

$$\lambda^2 - \frac{1}{m_1}(k_1 + k_2)\,\lambda - \frac{1}{m_2}(k_2 + k_3)\,\lambda + \frac{1}{m_1}(k_1 + k_2).\frac{1}{m_2}(k_2 + k_3) - \frac{1}{m_1}\frac{1}{m_2}k_2^{\,2} = 0,$$

rearranjando,

$$\lambda^2 - \left[\frac{1}{m_1}(k_1 + k_2) + \frac{1}{m_2}(k_2 + k_3)\right]\lambda + \frac{1}{m_1}(k_1 + k_2)\cdot\frac{1}{m_2}(k_2 + k_3) - \frac{1}{m_1}\frac{1}{m_2}k_2^2 = 0,$$

fazendo a representação de cada termo do polinômio como

$$A = 1$$

$$B = \frac{1}{m_1}(k_1 + k_2) + \frac{1}{m_2}(k_2 + k_3)$$

$$C = \frac{1}{m_1}(k_1 + k_2) \cdot \frac{1}{m_2}(k_2 + k_3) - \frac{1}{m_1}\frac{1}{m_2}k_2^2 = \frac{k_1k_2 + k_1k_3 + k_2^2 + k_2k_3}{m_1m_2} - \frac{k_2^2}{m_1m_2} =$$

$$= \frac{k_1k_2 + k_1k_3 + k_2k_3}{m_1m_2}.$$

Exemplo 8.1

Queremos encontrar as frequências naturais e os modos normais de vibração do sistema massa-mola, dados

$$m_1 = m_2 = 1 \text{ kg} \quad k_1 = k_3 = 10 \text{ N/m}, \; k_2 = 20 \text{ N/m}.$$

As matrizes de massa e rigidez,

$$[M] = \begin{bmatrix} 1 & 0 \\ 0 & 1 \end{bmatrix}, [K] = \begin{bmatrix} 30 & -20 \\ -20 & 30 \end{bmatrix}.$$

O polinômio fica escrito:

$$A\lambda^2 + B\lambda + C = \lambda^2 - 60\lambda + 500 = 0$$

$$\lambda_{1,2} = \frac{60 \pm \sqrt{(-60) - 2.000}}{2}$$

$$\lambda_1 = 10, \omega n_1 = 3{,}1622 \text{ rad/s} \quad \lambda_2 = 50, \omega n_2 = 7{,}0710 \text{ rad/s}.$$

Determinação dos modos de vibrar

Retornando-se ao determinante, agora multiplicado pelo vetor modal {X}:

$$[D - \lambda I]\{X\} = \begin{bmatrix} \frac{1}{m_1}(k_1 + k_2) - \lambda & \left(-\frac{1}{m_1}k_2\right) \\ \left(-\frac{1}{m_2}k_2\right) & \frac{1}{m_2}(k_2 + k_3) - \lambda \end{bmatrix} \begin{Bmatrix} x_1 \\ x_2 \end{Bmatrix} = 0$$

$$\begin{bmatrix} 30 - \lambda & -20 \\ -20 & 30 - \lambda \end{bmatrix} \begin{Bmatrix} x_1 \\ x_2 \end{Bmatrix} = 0.$$

Substituindo-se λ_1 na 1ª linha,

$$[20 \;\; -20] \begin{Bmatrix} x_1^{(1)} \\ x_2^{(1)} \end{Bmatrix} = 0$$

$$20x_1^{(1)} - 20x_2^{(1)} = 0.$$

Arbitrando $x_1^{(1)} = 1{,}0$ obtemos $x_2^{(1)} = 1{,}0$.

Substituindo-se λ_2 na 1ª linha,

$$[-20 \;\; -20]\begin{Bmatrix} x_1^{(2)} \\ x_2^{(2)} \end{Bmatrix} = 0$$

$$20x_1^{(2)} - 20x_2^{(2)} = 0.$$

Arbitrando $x_1^{(2)} = 1{,}0$ obtemos $x_2^{(2)} = -1{,}0$.

Os modos são dispostos:

$$X^{(1)} = \begin{Bmatrix} x_1^{(1)} \\ x_2^{(1)} \end{Bmatrix} = \begin{Bmatrix} 1{,}0 \\ 1{,}0 \end{Bmatrix}$$

$$X^{(2)} = \begin{Bmatrix} x_1^{(2)} \\ x_2^{(2)} \end{Bmatrix} = \begin{Bmatrix} 1{,}0 \\ -1{,}0 \end{Bmatrix}$$

Plotando-se os modos:

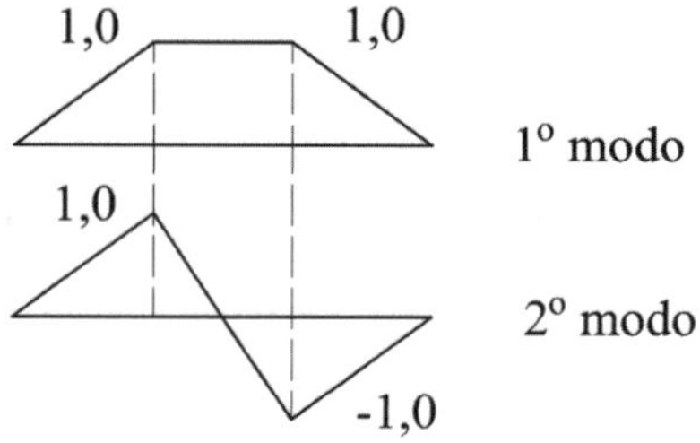

Figura 8.4 – Configuração modal.

$X^{(1)}$ e $X^{(2)}$ são denominados vetores modais e representam os deslocamentos de cada bloco. O primeiro modo indica que os blocos estão em fase, e o segundo indica que seus deslocamentos estão fora ou em oposição de fase; o segundo termo dos modos (1,0 e –1,0) é característico das grandezas das massas e rigidezes adotadas, podendo ser diferentes para outros valores. De qualquer forma, a defasagem é constante no tempo, independentemente dos valores encontrados.

Vimos que a frequência natural de vibração depende da massa e da rigidez do sistema, mas não de sua amplitude, ou seja, para qualquer deslocamento inicial ou magnitude inicial de força imposta, o sistema oscilará com a mesma frequência característica ou sua frequência natural. Por óbvio, a amplitude será conhecida se impusermos um valor inicial conhecido.

Para sistemas discretos como massa-mola acoplados ou para sistemas contínuos como uma barra, a configuração do deslocamento de todos os blocos ou da deformação de pontos específicos da barra será definida a partir dessa condição inicial de deslocamento ou deformação inicial imposta. Dessa forma, sem arbitrarmos valores métricos específicos, a configuração espacial de seu comportamento estará relacionada a esse valor inicial imposto, e, assim, podemos arbitrar do valor inicial $X_1^{(s)} = 1{,}0$, do modo de vibrar que todas as grandezas de deslocamento do restante do sistema estarão a ele relacionadas.

Vamos interpretar os modos para um sistema contínuo. Considere uma barra homogênea, isotrópica, seção transversal constante, bi-apoiada nas extremidades, localizada no plano x-y.

Quando vibra na primeira frequência natural, toda a extensão da barra se desloca no mesmo sentido, tendo como referência o eixo y, como a Figura 8.5(a). Esse é o primeiro modo de vibrar.

Quando vibra na segunda frequência natural, os trechos da esquerda e da direita deslocam-se defasados, e há um ponto no meio da barra que permanece parado, 8.5(b), e tal ponto é chamado nó. Esse é o segundo modo de vibrar.

Vibrando na terceira frequência natural, três segmentos da barra estarão defasados e surgirão dois nós, Figura 8.5(c), revelando o terceiro modo de vibrar, e assim por diante. Note que, à medida que a frequência aumenta, a amplitude do deslocamento diminui, pois o comprimento da barra não varia.

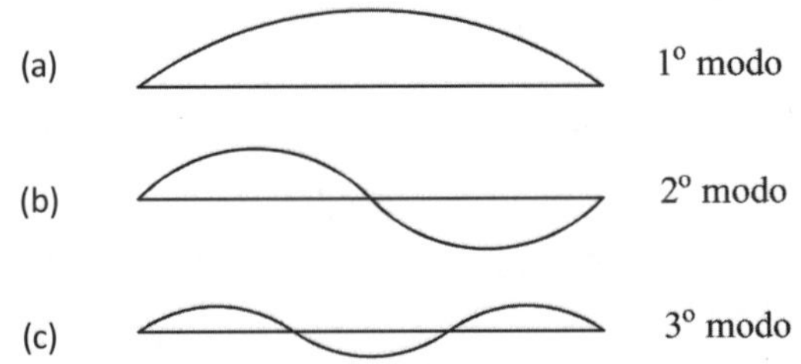

Figura 8.5 – Configuração modal de um sistema contínuo.

8.2 ORTOGONALIDADE DOS MODOS DE VIBRAÇÃO

Os modos normais possuem a propriedade de ortogonalidade, a qual diz respeito à matriz de massa ou inércia e à matriz de rigidez. Para demonstrarmos essa propriedade, retornamos à Equação (8.3).

$$|[K] - \omega n^2[M]|\,\{X\} = 0$$

Para um sistema com n graus de liberdade, obtemos n frequências naturais, ωn_1, ωn_2, ..., ωn_n, os modos correspondentes $\{X^{(1)}\}$, $\{X^{(2)}\}$, ..., $\{X^{(n)}\}$, e, considerando as frequências naturais diferentes entre si tal que ωn_s ωn_p correspondentes a $s_{ésima}$ e $p_{ésima}$ frequências, escrevemos

$$[K]\{X^{(p)}\} - \omega n_p^{\ 2}[M]\{X^{(p)}\} = 0 \text{ para o modo p;} \tag{8.8}$$

$$[K]\{X^{(s)}\} - \omega n_s^{\ 2}[M]\{X^{(s)}\} = 0 \text{ para o modo s.} \tag{8.9}$$

Pré-multiplicando-se a Equação (8.8) pela transposta $\{X^{(s)}\}^T$ e a Equação (8.9) pela transposta $\{X^{(p)}\}^T$,

$$\{X^{(s)}\}^T[K]\{X^{(p)}\} - \omega n_p^{\ 2}\{X^{(s)}\}^T[M]\{X^{(p)}\} = 0 \tag{8.10}$$

$$\{X^{(p)}\}^T[K]\{X^{(s)}\} - \omega n_s^{\ 2}\{X^{(p)}\}^T[M]\{X^{(s)}\} = 0. \tag{8.11}$$

As Equações (8.10) e (8.11) são equações escalares, [M] e [K] são simétricas tal que $[M]^T = [M]$ e $[K]^T = [K]$.

Fazendo-se combinação com as frequências ωn_s e ωn_p das Equações (8.11) e (8.10),

$$\{X^{(s)}\}^T[K]\{X^{(p)}\} - \omega n_s^{\ 2}\{X^{(s)}\}^T[M]\{X^{(p)}\} = 0. \tag{8.12}$$

Subtraindo-se a Equação (8.12) da Equação (8.10),

$$(\omega n_s^{\ 2} - \omega n_p^{\ 2})\ \{X^{(s)}\}^T[M]\{X^{(p)}\} = 0. \tag{8.13}$$

Dado que $\omega n_s^{\ 2} \neq \omega n_p^{\ 2}$, a Equação (8.13) é satisfeita quando

$$\{X^{(s)}\}^T[M]\{X^{(p)}\} = 0. \tag{8.14}$$

A Equação (8.14) mostra que os modos são ortogonais em relação à matriz de massa.

Se na matriz de massa, tomada como matriz diagonal, todos os termos da diagonal forem iguais, então, há uma proporcionalidade com a matriz identidade [I], e a Equação (8.14) indica que $\{X^{(s)}\}^T\{X^{(p)}\} = 0$.

Substituindo a Equação (8.14) na Equação (8.12), obteremos

$$\{X^{(s)}\}^T[K]\{X^{(p)}\} = 0. \tag{8.15}$$

A Equação (8.15) indica que os modos são ortogonais em relação à matriz de rigidez.

8.2.1 MASSA E RIGIDEZ GENERALIZADAS

Para cada modo de vibração, podemos encontrar a massa e a rigidez associadas para determinarmos as frequências naturais correspondentes ao modo em questão. Essas são chamadas massa e rigidez generalizadas.

$$\{X^{(s)}\}^T[M]\{X^{(s)}\} = m_s$$

$$\{X^{(s)}\}^T[K]\{X^{(s)}\} = k_s$$

As grandezas m_s e k_s representam a massa e a rigidez associadas ao modo s, por meio das quais encontramos a frequência natural correspondente ao modo.

$$\omega n_s = \sqrt{\frac{k_s}{m_s}}$$

Para o modo p,

$$\{X^{(p)}\}^T[M]\{X^{(p)}\} = m_p \qquad (8.16)$$

$$\{X^{(p)}\}^T[K]\{X^{(p)}\} = k_p \qquad (8.17)$$

$$\omega n_p = \sqrt{\frac{k_p}{m_p}}$$

Com a finalidade de demonstrarmos numericamente a ortogonalidade, retornamos ao exercício resolvido do Exemplo 8.1 com as grandezas já encontradas.

Dados do Exemplo Numérico 8.1:

$$[M] = \begin{bmatrix} 1 & 0 \\ 0 & 1 \end{bmatrix} \quad [K] = \begin{bmatrix} 30 & -20 \\ -20 & 30 \end{bmatrix} \quad X^{(1)} = \begin{Bmatrix} 1,0 \\ 1,0 \end{Bmatrix} \quad X^{(2)} = \begin{Bmatrix} 1,0 \\ -1,0 \end{Bmatrix}.$$

Ortogonalidade com relação à matriz de massa:

$$\{X^{(1)}\}^T\,[M]\{X^{(2)}\} \text{ da Equação (8.14)}$$

$$\{1,0 \;\; 1,0\}\begin{bmatrix} 1 & 0 \\ 0 & 1 \end{bmatrix}\begin{Bmatrix} 1,0 \\ -1,0 \end{Bmatrix} = [1 \;\; 1]\begin{Bmatrix} 1,0 \\ -1,0 \end{Bmatrix} = 0.$$

Ortogonalidade com relação a matriz de rigidez:

$$\{X^{(1)}\}^T[K]\{X^{(2)}\} \text{ da Equação (8.15)}$$

$$\{1,0 \;\; 1,0\}\begin{bmatrix} 30 & -20 \\ -20 & 30 \end{bmatrix}\begin{Bmatrix} 1,0 \\ -1,0 \end{Bmatrix} = [10 \;\; 10]\begin{Bmatrix} 1,0 \\ -1,0 \end{Bmatrix} = 0.$$

Frequências por meio da massa e rigidez generalizadas

Frequência natural do primeiro modo. Da Equação (8.16),

$$\{X^{(1)}\}^T[M]\{X^{(1)}\} = \{1,0 \;\; 1,0\}\begin{bmatrix} 1 & 0 \\ 0 & 1 \end{bmatrix}\begin{Bmatrix} 1,0 \\ 1,0 \end{Bmatrix} = [1 \;\; 1]\begin{Bmatrix} 1,0 \\ 1,0 \end{Bmatrix} = 2 = m_1.$$

Da Equação (8.17),

$$\{X^{(1)}\}^T[K]\{X^{(1)}\} = \{1{,}0 \;\; 1{,}0\}\begin{bmatrix} 30 & -20 \\ -20 & 30 \end{bmatrix}\begin{Bmatrix} 1{,}0 \\ 1{,}0 \end{Bmatrix} = [10 \;\; 10]\begin{Bmatrix} 1{,}0 \\ 1{,}0 \end{Bmatrix} = 20 = k_1$$

$$\omega n_1 = \sqrt{\frac{k_1}{m_1}} = \sqrt{\frac{20}{2}} = 3{,}1622 \text{ rad/s.}$$

Frequência natural do segundo modo:

$$\{X^{(2)}\}^T[M]\{X^{(2)}\} = \{1{,}0 \;\; -1{,}0\}\begin{bmatrix} 1 & 0 \\ 0 & 1 \end{bmatrix}\begin{Bmatrix} 1{,}0 \\ -1{,}0 \end{Bmatrix} = [1 \;\; -1]\begin{Bmatrix} 1{,}0 \\ -1{,}0 \end{Bmatrix} = 2 = m_2$$

$$\{X^{(2)}\}^T[K]\{X^{(2)}\} = \{1{,}0 \;\; -1{,}0\}\begin{bmatrix} 30 & -20 \\ -20 & 30 \end{bmatrix}\begin{Bmatrix} 1{,}0 \\ -1{,}0 \end{Bmatrix} = [50 \;\; 50]\begin{Bmatrix} 1{,}0 \\ -1{,}0 \end{Bmatrix} = 100 = k_2$$

$$\omega n_2 = \sqrt{\frac{k_2}{m_2}} = \sqrt{\frac{100}{2}} = 7{,}0710 \text{ rad/s.}$$

8.2.2 DIAGONALIZAÇÃO DE MATRIZES

A matriz de massa é uma matriz diagonal; a matriz de rigidez é uma matriz simétrica que acopla as duas equações do movimento dispostas na forma matricial mostrada na Equação (8.1). É possível obter os autovalores pela diagonalização de matrizes por meio da matriz modal [Φ] composta dos modos normais, os autovetores dispostos em coluna. Com a diagonalização, haverá um desacoplamento de coordenadas. Para nosso exemplo, a matriz modal é disposta na forma

$$[\Phi] = [\{X^{(1)}\} \quad \{X^{(2)}\}]$$

$$[\Phi] = \begin{bmatrix} 1 & 1 \\ 1 & -1 \end{bmatrix}.$$

Para a diagonalização, pré-multiplicamos a matriz pela transposta da matriz modal e pós-multiplicamos pela matriz modal. Embora a matriz de massa seja diagonal, a matriz de rigidez é simétrica não diagonal; portanto, em ambas as matrizes, deve-se operar o tratamento algébrico, pois ambas modelam o sistema.

Diagonalização da matriz de massa $[\Phi]^T[M][\Phi] = [M^*]$:

$$\begin{bmatrix} 1 & 1 \\ 1 & -1 \end{bmatrix}\begin{bmatrix} 1 & 0 \\ 0 & 1 \end{bmatrix} = \begin{bmatrix} 1 & 1 \\ 1 & -1 \end{bmatrix}, \quad \begin{bmatrix} 1 & 1 \\ 1 & -1 \end{bmatrix}\begin{bmatrix} 1 & 1 \\ 1 & -1 \end{bmatrix} = \begin{bmatrix} 2 & 0 \\ 0 & 2 \end{bmatrix} = [M^*].$$

Diagonalização da matriz de rigidez $[\Phi]^T[K][\Phi] = [K^*]$:

$$\begin{bmatrix} 1 & 1 \\ 1 & -1 \end{bmatrix}\begin{bmatrix} 30 & -20 \\ -20 & 30 \end{bmatrix} = \begin{bmatrix} 10 & 10 \\ 50 & -50 \end{bmatrix}, \quad \begin{bmatrix} 10 & 10 \\ 50 & -50 \end{bmatrix}\begin{bmatrix} 1 & 1 \\ 1 & -1 \end{bmatrix} = \begin{bmatrix} 20 & 0 \\ 0 & 100 \end{bmatrix} = [K^*].$$

Com as matrizes de massa e rigidez diagonalizadas, encontramos os autovalores

$$[D - \lambda I] = 0 \quad [D] = [M^*]^{-1}[K^*]$$

$$[D] = \begin{bmatrix} 0{,}5 & 0 \\ 0 & 0{,}5 \end{bmatrix} \begin{bmatrix} 20 & 0 \\ 0 & 100 \end{bmatrix} = \begin{bmatrix} 10 & 0 \\ 0 & 50 \end{bmatrix}$$

$$[D - \lambda I] = \begin{bmatrix} 10 - \lambda & 0 \\ 0 & 50 - \lambda \end{bmatrix} = \lambda^2 - 60\lambda + 500 = 0$$

$$\lambda_1 = 10,\ \omega n_1 = 3{,}1622 \text{ rad/s},\ \lambda_2 = 50 \quad \omega n_2 = 7{,}0710 \text{ rad/s}.$$

Exemplo 8.2

Um eixo contínuo de aço, com diâmetro 0,015 m, aciona uma carga e, sendo suportado por dois mancais, tem comprimento total de 0,40 m. No 1º trecho de comprimento L_1 = 0,20 m, está acoplada uma polia, e, na extremidade do 2º trecho de comprimento L_2 = 0,20 m, está acoplada a 2ª polia, ambas de aço, com diâmetro de 0,15 m e espessura e = 20 mm. Queremos determinar as frequências naturais de vibração, as rotações equivalentes e os modos de vibrar, levando-se em conta a torção. Considerar desprezível o momento de inércia de massa do eixo.

Densidade do aço ρ = 7.800 kg/m³; módulo de elasticidade transversal G = 80 GPa.

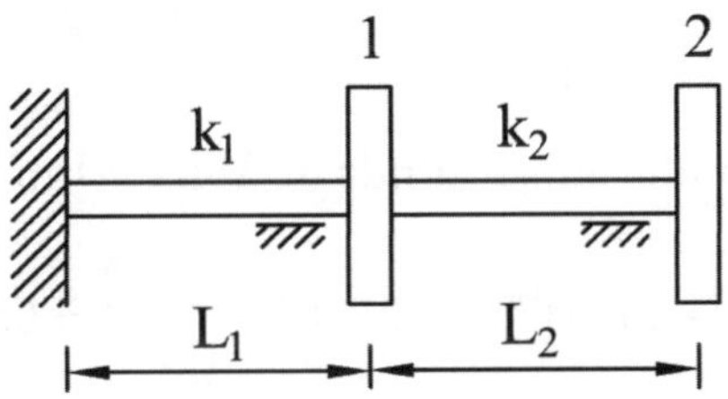

Figura 8.6 – Eixo sob torção.

Determinação da rigidez à torção dos segmentos do eixo:

$$k_1 = k_2 = \frac{\pi G d^4}{32L} = 1988 \text{ Nm/rad.}$$

Determinação da massa das polias:

$$m_1 = m_2 = \rho.A.e = 2{,}75 \text{ kg.}$$

Determinação do momento de inércia de massa das polias:

$$I_1 = I_2 = \tfrac{1}{2}\, mr^2 = 0{,}00773 \text{ kg.m}^2.$$

$$\text{Matriz de inércia } [I] = \begin{bmatrix} I_1 & 0 \\ 0 & I_2 \end{bmatrix} = \begin{bmatrix} 0{,}00773 & 0 \\ 0 & 0{,}00773 \end{bmatrix}.$$

$$\text{Matriz de rigidez } [K] = \begin{bmatrix} k_1 + k_2 & -k_2 \\ -k_2 & k_2 \end{bmatrix} = \begin{bmatrix} 3976 & -1988 \\ -1988 & 1988 \end{bmatrix}.$$

$$\text{Matriz dinâmica } [D] = [I]^{-1}[K] = \begin{bmatrix} 514359 & -257179 \\ -257179 & 257179 \end{bmatrix}.$$

Encontrando-se o polinômio e os autovalores:

$$\begin{bmatrix} 514359 - \lambda & -257179 \\ -257179 & 257179 - \lambda \end{bmatrix} = 0, \text{ cujo polinômio, } \lambda^2 - 771538\lambda + 6{,}614.10^{10} = 0.$$

Os autovalores, frequências naturais e velocidades críticas:

$$\lambda_1 = 98232,\ \omega n_1 = 313{,}42 \text{ rad/s},\ n_1 = 2.993 \text{ rpm}$$

$$\lambda_2 = 673306,\ \omega n_2 = 820{,}55 \text{ rad/s},\ n_2 = 7835{,}7 \text{ rpm}$$

Determinação do 1º modo. Substituindo-se λ_1 na 1ª linha do determinante,

$$[416127 \quad -257179] \begin{Bmatrix} \Theta_1^{(1)} \\ \Theta_2^{(1)} \end{Bmatrix} = 0.$$

Fazendo $\Theta_1^{(1)} = 1{,}0$ $\Theta_2^{(1)} = 1{,}618$.

Determinação do 2º modo. Substituindo-se λ_2 na 1ª linha do determinante,

$$[-158947 \quad -257179] \begin{Bmatrix} \Theta_1^{(2)} \\ \Theta_2^{(2)} \end{Bmatrix} = 0.$$

Fazendo $\Theta_1^{(2)} = 1{,}0$ $\Theta_2^{(2)} = -0{,}618$.

Plotando-se os modos:

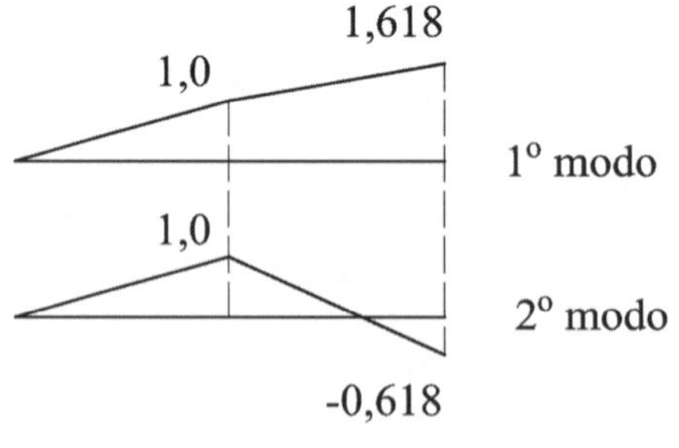

Figura 8.7 – Modos de vibrar do eixo.

8.3 CORPO EM TRANSLAÇÃO E ROTAÇÃO – ACOPLAMENTO DE COORDENADAS

Considerando-se a barra rígida suportada pelas molas k_1 e k_2 e distantes L_1 e L_2 de seu centro de massa G. Havendo translação e rotação em torno de G, diz-se que o movimento apresenta desacoplamento estático: a grandeza k_1L_1 será igual a k_2L_2, os momentos em relação a G se anulam, e, desse modo, a matriz de rigidez será diagonal. Nessa condição, os modos de translação e de rotação não interferem entre si.

Quando o centro de massa G translada e a barra gira em torno de um centro de rotação que não passa por G, sendo k_1L_1 diferente de k_2L_2, haverá acoplamento estático e a matriz que contém os termos de rigidez será não diagonal, havendo interferência entre as coordenadas x e θ.

Quando o sistema apresenta desacoplamento, as equações diferenciais possuem coordenadas generalizadas independentes e podem ser resolvidas separadamente. Essas coordenadas são chamadas coordenadas normais ou principais. Haverá acoplamento dinâmico quando a matriz de massa ou inércia for não diagonal e simétrica.

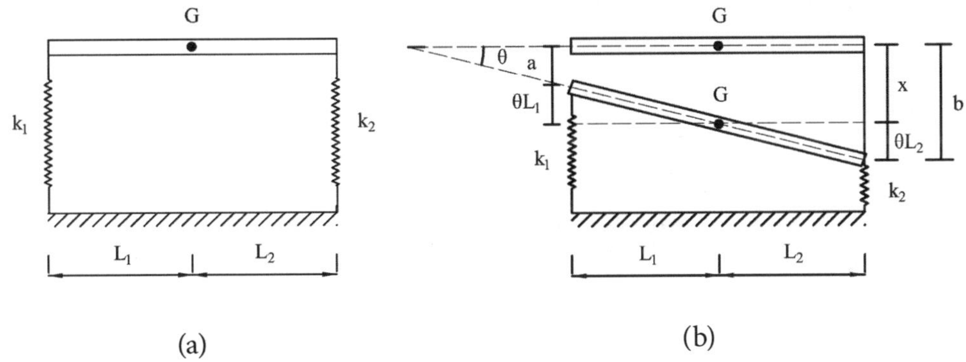

Figura 8.8 – Corpo em translação e rotação.

$$x = \text{translação},\ \theta = \text{rotação}$$

Translação em relação ao centro de massa G, $\Sigma F = m\ddot{x}$

$$m\ddot{x} = -kx,\ m\ddot{x} + kx = 0 \qquad a = x - \theta L_1,\ b = x + \theta L_2$$

$$m\ddot{x} + k_1(x - \theta L_1) + k_2(x + \theta L_2) = 0 \tag{a}$$

Rotação em torno do CG, $\Sigma T = I\alpha$,

$I\ddot{\theta} = -T$, que $T = FL$ (T = momento provocado pela força das molas em relação a G).

$$I\ddot{\theta} - k_1(x - \theta L_1)L_1 + k_2(x + \theta L_2)L_2 = 0 \tag{b}$$

Rearranjando-se as equações (a) e (b),

$$m\ddot{x} + k_1x - k_1\theta L_1 + k_2x + k_2\theta L_2 = 0$$

$$m\ddot{x} + (k_1 + k_2)x + (-k_1L_1 + k_2L_2)\theta = 0 \quad \text{(c)}$$

$$I\ddot{\theta} - k_1xL_1 + k_1\theta L_1^2 + k_2xL_2 + k_2\theta L_2^2 = 0$$

$$I\ddot{\theta} + (-k_1L_1 + k_2L_2)x + (k_1L_1^2 + + k_2L_2^2)\theta = 0 \quad \text{(d)}$$

Escrevendo-se na forma matricial as expressões (c) e (d),

$$\begin{bmatrix} m & 0 \\ 0 & I \end{bmatrix}\begin{Bmatrix} \ddot{x} \\ \ddot{\theta} \end{Bmatrix} + \begin{bmatrix} k_1 + k_2 & -k_1L_1 + k_2L_2 \\ -k_1L_1 + k_2L_2 & k_1L_1^2 + k_2L_2^2 \end{bmatrix}\begin{Bmatrix} x \\ \theta \end{Bmatrix} = 0$$

Exemplo 8.3

Uma plataforma apoiada sobre molas em paralelo apresenta as seguintes características: a mola k_1 é a mola equivalente localizada à esquerda, e a mola k_2 é a mola equivalente localizada à direita. A massa da plataforma é 250 kg; o raio de giração r_G é 0,25 m, $L_1 = 0{,}20$ m, $L_2 = 0{,}40$ m, $k_1 = 4{,}0$ kN/m, $k_2 = 5{,}0$ kN/m. Queremos determinar as frequências naturais de oscilação e os modos de vibrar.

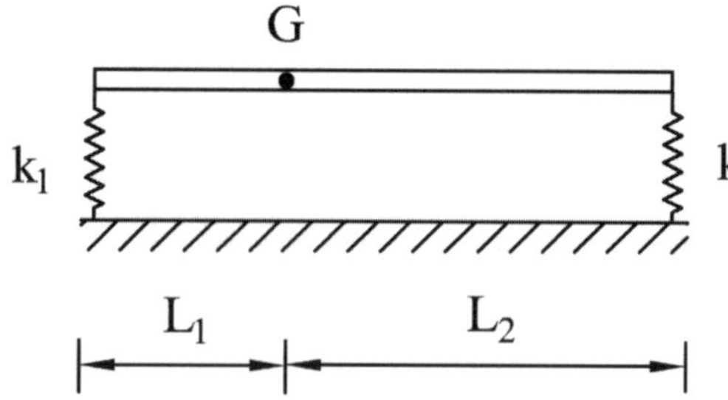

Figura 8.9 – Plataforma sobre apoios flexíveis.

O momento de inércia de massa, $I_o = mr_G^2 = 250.0{,}25^2 = 15{,}625$ kg.m².

A matriz de massa e inércia,

$$[M,Io] = \begin{bmatrix} m & 0 \\ 0 & Io \end{bmatrix} = \begin{bmatrix} 250 & 0 \\ 0 & 15{,}625 \end{bmatrix}.$$

A matriz de rigidez,

$$[K] = \begin{bmatrix} k_1 + k_2 & -k_1L_1 + k_2L_2 \\ -k_1L_1 + k_2L_2 & k_1L_1^2 + k_2L_2^2 \end{bmatrix} = \begin{bmatrix} 9.000 & 1.200 \\ 1.200 & 960 \end{bmatrix}$$

A matriz dinâmica,

$$[D] = \begin{bmatrix} \dfrac{1}{250} & 0 \\ 0 & \dfrac{1}{15{,}625} \end{bmatrix} \begin{bmatrix} 9.000 & 1.200 \\ 1.200 & 960 \end{bmatrix} = \begin{bmatrix} 36 & 4{,}8 \\ 76{,}8 & 61{,}44 \end{bmatrix}$$

A matriz dos autovalores,

$$[D - \lambda I] = \{0\}$$

$$\begin{bmatrix} 36 - \lambda & 4{,}8 \\ 76{,}8 & 61{,}44 - \lambda \end{bmatrix} = 0.$$

O polinômio característico, autovalores e frequências naturais,

$\lambda^2 - 97{,}44\lambda + 1843 = 0$, $\lambda_1 = 25{,}685$, $\omega n_1 = 5{,}07$ rad/s; $\lambda_2 = 71{,}755$, $\omega n_2 = 8{,}47$ rad/s.

As matrizes de autovalores e autovetores,

$$\begin{bmatrix} 36 - \lambda & 4{,}8 \\ 76{,}8 & 61{,}44 - \lambda \end{bmatrix} \begin{Bmatrix} x \\ \Theta \end{Bmatrix} = 0.$$

Substituindo-se λ_1 na 1ª linha, encontramos o 1º modo de vibrar,

$$[10{,}315 \quad 4{,}8] \begin{Bmatrix} x_1^{(1)} \\ \Theta_1^{(1)} \end{Bmatrix} = 0.$$

$$10{,}315\ X_1^{(1)} + 4{,}8\ \Theta_1^{(1)} = 0 \text{ para } X_1^{(1)} = 1{,}0,\ \Theta_1^{(1)} = -2{,}149 \text{ rad.}$$

$$\text{O 1º modo} \begin{Bmatrix} x_1^{(1)} \\ \Theta_1^{(1)} \end{Bmatrix} = \begin{Bmatrix} 1{,}0 \\ -2{,}149 \end{Bmatrix}.$$

Da expressão $10{,}315X_1^{(1)} + 4{,}8\Theta_1^{(1)} = 0$, fazendo-se a razão entre as amplitudes,

$$\frac{x_1^{(1)}}{\Theta_1^{(1)}} = -\frac{4{,}8}{10{,}315} = -0{,}46 \text{ m/rad.}$$

Substituindo-se λ_2 na 1ª linha, encontramos o 2º modo de vibrar,

$$[-35{,}755 \quad 4{,}8] \begin{Bmatrix} x_2^{(2)} \\ \Theta_2^{(2)} \end{Bmatrix} = 0$$

$$-35{,}755\ X_2^{(2)} + 4{,}8\ \Theta_2^{(2)} = 0 \text{ para } X_2^{(2)} = 1{,}0\ \ \Theta_2^{(2)} = 7{,}45 \text{ rad}$$

$$\text{O 1º modo} \begin{Bmatrix} x_2^{(2)} \\ \Theta_2^{(2)} \end{Bmatrix} = \begin{Bmatrix} 1{,}0 \\ 7{,}45 \end{Bmatrix}.$$

Da expressão $-35{,}755\, X_2^{(2)} + 4{,}8\, \Theta_2^{(2)} = 0$, fazendo-se a razão entre as amplitudes,

$$\frac{x_2^{(2)}}{\Theta_2^{(2)}} = \frac{4{,}8}{35{,}755} = 0{,}13 \text{ m/rad.}$$

1º modo de vibrar:

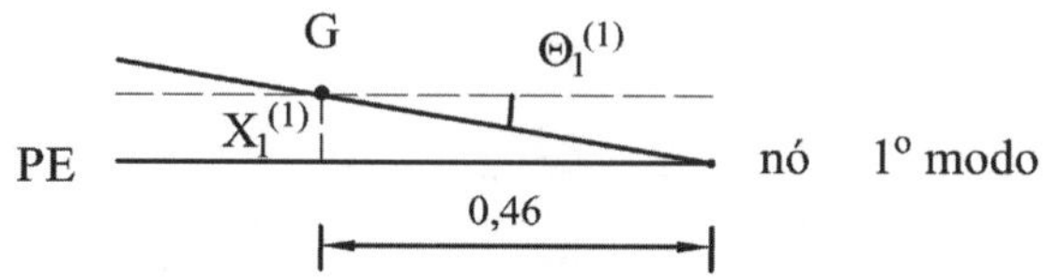

Figura 8.10a – Modos de vibrar da plataforma.

2º modo de vibrar:

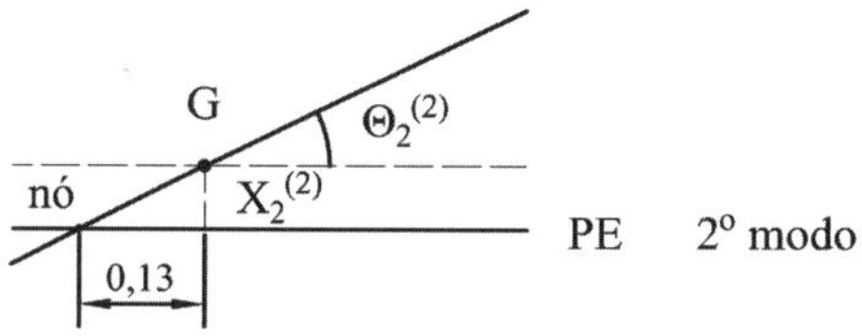

Figura 8.10b – Modos de vibrar da plataforma.

8.4 SISTEMA SEMIDEFINIDO

O sistema é chamado semidefinido quando duas massas estão ligadas por uma mola, por exemplo, dois vagões acoplados, um caminhão com um reboque, um eixo com duas polias etc.

Considerando-se as duas massas m_1 e m_2 ligadas pela mola de rigidez k, desconsiderando-se o atrito e tomando-se o deslocamento sentido para a direita como positivo. Queremos escrever a equação diferencial do movimento do sistema, encontrar as frequências naturais de oscilação e os modos de vibrar.

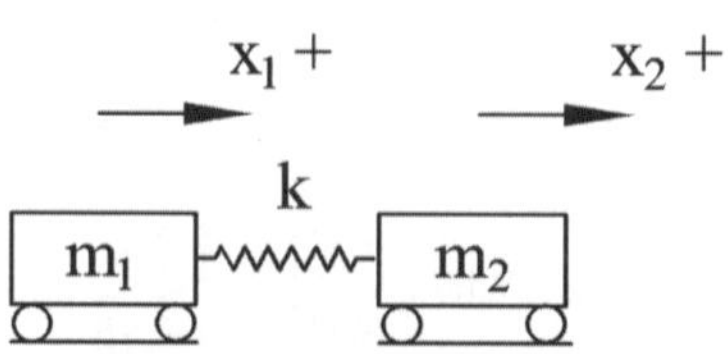

Figura 8.11a – Forças decorrentes devido ao deslocamento dos blocos 1 e 2.

Deslocando-se o bloco 1 e representando as forças na mola:

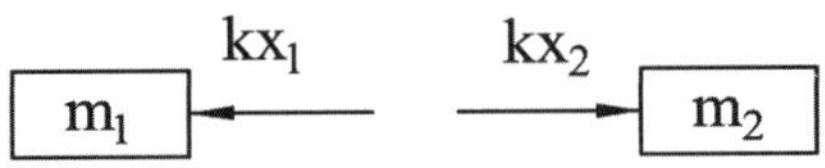

Figura 8.11b – Forças decorrentes devido ao deslocamento dos blocos 1 e 2.

$$m_1\ddot{x}_1 = -\,kx_1 + kx_2$$

Deslocando-se o bloco 2 e representando-se a força na mola (legenda):

Figura 8.11c – Forças decorrentes devido ao deslocamento dos blocos 1 e 2.

$$m_2\ddot{x}_2 = -\,kx_1 + kx_2$$

Rearranjando-se as duas equações,

$$m_1\ddot{x}_1 + kx_1 - kx_2 = 0$$

$$m_2\ddot{x}_2 - kx_1 + kx_2 = 0$$

As equações do sistema na forma matricial,

$$\begin{bmatrix} m_1 & 0 \\ 0 & m_2 \end{bmatrix} \begin{Bmatrix} \ddot{x}_1 \\ \ddot{x}_2 \end{Bmatrix} + \begin{bmatrix} k & -k \\ -k & k \end{bmatrix} \begin{Bmatrix} x_1 \\ x_2 \end{Bmatrix} = 0.$$

A equação diferencial do sistema fica escrita

$$[M]\{\ddot{x}\} + [K]\{x\} = 0.$$

Fazendo-se $x = X$, $\ddot{x} = -\,\omega n^2 X$ e substituindo-se na equação diferencial,

$$\left|[K] - \omega n^2[M]\right| \{X\} = 0.$$

Expressando-a na forma matricial com os termos de massa e rigidez,

$$\begin{bmatrix} k - \omega n^2 m_1 & -k \\ -k & k - \omega n^2 m_2 \end{bmatrix} \begin{Bmatrix} x_1 \\ x_2 \end{Bmatrix} = 0. \qquad (8.18)$$

Resolvendo-se o determinante e escrevendo-se a equação característica:

$$\omega n^4\, m_1 m_2 - \omega n^2 m_2 k - \omega n^2 m_1 k + k^2 - k^2 = 0$$

$$\omega n^4\, m_1 m_2 - \omega^2 k(m_1 + m_2) = 0$$

$$\omega n^2 = \frac{k\,(m_1 + m_2)}{m_1 m_2} \tag{8.19}$$

Exemplo 8.4

Determinar as frequências e os modos de vibrar, sendo k = 60 N/m, $m_1 = m_2 = 4$ kg.

$$\omega n = \sqrt{\frac{60(4+4)}{4 \cdot 4}} = 5{,}477 \text{ rad/s}$$

Uma das frequências naturais é zero ($\omega n_1 = 0$), significando que não há movimento relativo entre os blocos. O sistema move-se como um corpo rígido.

A segunda frequência indica que os deslocamentos das massas estão em oposição de fase. Movem-se em sentidos opostos (180°).

Substituindo-se $\omega n_1 = 0$ na 1ª linha da Equação (8.18) e fazendo-se $X_1 = 1{,}0$, a razão entre os modos será:

$$[60 \;\; -60]\begin{Bmatrix} X_1 \\ X_2 \end{Bmatrix} = 0$$

$$60X_1 - 60X_2 = 0 \qquad \frac{X_1}{X_2} = 1.$$

Substituindo-se $\omega n_2 = 5{,}477$ na 1ª linha da Equação (8.18), a razão entre os modos será:

$$[-60 \;\; -60]\begin{Bmatrix} X_1 \\ X_2 \end{Bmatrix} = 0$$

$$-60X_1 - 60X_2 = 0 \qquad \frac{X_1}{X_2} = -1$$

Plotando os modos:

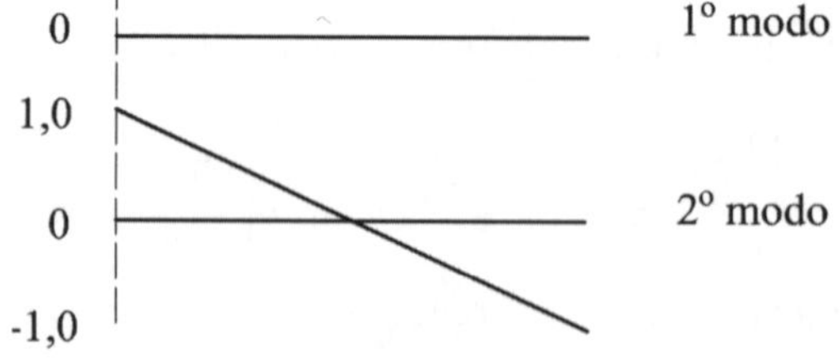

Figura 8.12 – Modos de vibrar do sistema semidefinido.

Considerando-se um eixo com dois discos acoplados:

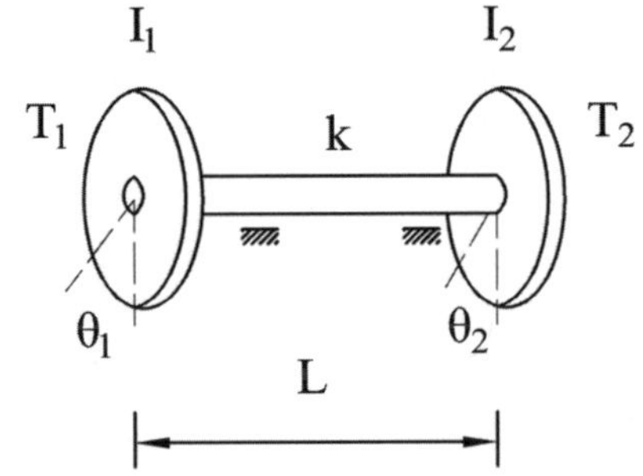

Figura 8.13 – Polias ligadas por um eixo.

T = torque, I = momento de inércia de massa.

$$\omega n_1 = 0$$

$$\omega n_2 = \sqrt{\frac{k(I_1 + I_2)}{I_1 I_2}} \quad \text{expressão análoga à 8.19.}$$

Considere $I_1 = I_2 = ½\, mr^2 = 5\ kg.m^2$, $k = \dfrac{\pi d^4 G}{32L} = 400\ Nm/rad.$

G = módulo de elasticidade transversal do material do eixo.

L = comprimento do eixo;

$$\omega n_1 = 0$$

$$\omega n_2 = \sqrt{\frac{410}{25}} = 4{,}05\ rad/s$$

8.5 BATIMENTO – PÊNDULOS EM OSCILAÇÃO

Considere dois pêndulos acoplados por uma mola flexível de rigidez k desprovida de tensão quando os pêndulos estão na posição vertical, posição de equilíbrio, Figura (8.14(a)).

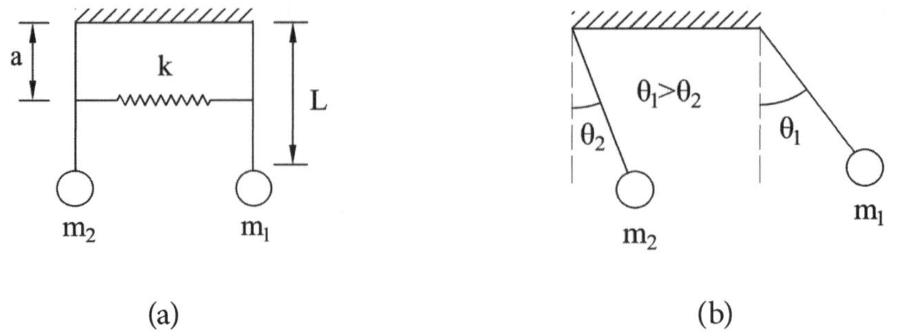

Figura 8.14 – Pêndulos em oscilação.

Considerando os pêndulos oscilando em posições angulares diferentes, Figura 8.14(b), podemos representar o diagrama de corpo livre, Figura (8.15,). Os deslocamentos das esferas 1 e 2 são dados por $s_1 = \theta_1 L$, $s_2 = \theta_2 L$, as respectivas acelerações, $\ddot{s}_1 = \ddot{\theta}_1 L$, $\ddot{s}_2 = \ddot{\theta}_2 L$, e as forças nas molas são dadas por $ka\theta$, sendo θ_1 e θ_2 ângulos pequenos.

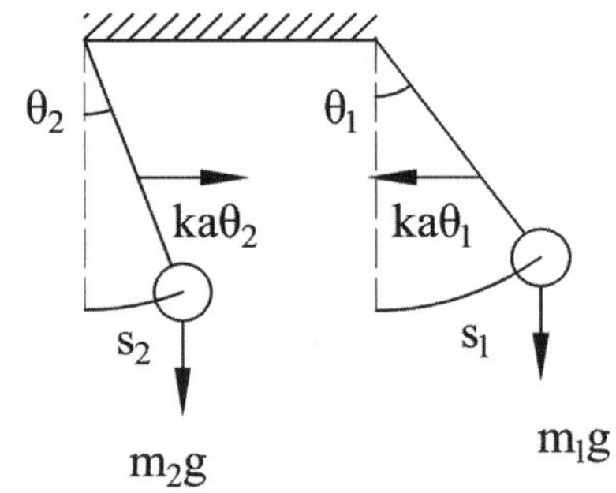

Figura 8.15 – Forças no pêndulo.

Na condição dinâmica, $\Sigma F = ma$, os momentos causados pelas forças dinâmicas em relação às articulações,

$$m_1\ddot{s}_1 L = -m_1 g s_1 - ka(\theta_1 - \theta_2)a$$

$$m_2\ddot{s}_2 L = -m_2 g s_2 + ka(\theta_1 - \theta_2)a, \text{ rearranjando-se as equações,}$$

$$m_1\ddot{\theta}_1 L^2 + m_1 g\theta_1 L + ka^2\theta_1 - ka^2\theta_2 = 0$$

$$m_2\ddot{\theta}_2 L^2 + m_2 g\theta_2 L - ka^2\theta_1 + ka^2\theta_2 = 0$$

Escrevendo-se na forma matricial,

$$\begin{bmatrix} m_1 L^2 & 0 \\ 0 & m_2 L^2 \end{bmatrix} \begin{Bmatrix} \ddot{\theta}_1 \\ \ddot{\theta}_2 \end{Bmatrix} + \begin{bmatrix} m_1 gL + ka^2 & -ka^2 \\ -ka^2 & m_2 gL + ka^2 \end{bmatrix} \begin{Bmatrix} \theta_1 \\ \theta_2 \end{Bmatrix} = \begin{Bmatrix} 0 \\ 0 \end{Bmatrix}.$$

Exemplo 8.5

Por meio dos autovalores e autovetores, queremos determinar as frequências de oscilação dos pêndulos e os modos de vibrar, sendo dados $m_1 = m_2 = 0,3$ kg, L = 0,4 m, a = 0,35 m, k = 15 N/m.

$$[mL^2] = \begin{bmatrix} 0,048 & 0 \\ 0 & 0,048 \end{bmatrix}$$

$$[mgka^2] = \begin{bmatrix} 3,015 & -1,837 \\ -1,837 & 3,015 \end{bmatrix}$$

$$[D] = [mL^2]^{-1}[mgka^2] = \begin{bmatrix} 62,811 & -38,270 \\ -38,270 & 62,811 \end{bmatrix}$$

Resolvendo o problema de autovalor, teremos:

$$\begin{bmatrix} 62,811 - \lambda & -38,270 \\ -38,270 & 62,811 - \lambda \end{bmatrix} = 0.$$

Do polinômio, encontramos os autovalores e as frequências naturais:

$$\lambda^2 - 125,6\lambda + 2480,6 = 0 \text{ sendo } \lambda_1 = 24,54,\ \omega n_1 = 4,95 \text{ rad/s};$$

$$\lambda_2 = 101,08,\ \omega n_2 = 10,05\text{rad/s}.$$

As frequências também podem ser encontradas pelas expressões

$$\omega n_1 = \sqrt{\frac{g}{L}} \quad \text{e } \omega n_2 = \sqrt{\frac{g}{L} + \frac{2ka^2}{mL^2}}.$$

Substituindo-se λ_1 na 1ª linha do determinante, encontramos o 1º modo de vibrar:

$$[38,270 \quad -38,270] \begin{Bmatrix} \Theta_1^{(1)} \\ \Theta_2^{(1)} \end{Bmatrix} = 0$$

$$38,279\Theta_1^{(1)} - 38,270\Theta_2^{(1)} = 0.$$

Fazendo-se $\Theta_1^{(1)} = 1,0$; $\Theta_2^{(1)} = 1,0$ 1º modo $\begin{Bmatrix} 1,0 \\ 1,0 \end{Bmatrix}$

Substituindo-se λ_2 na 1ª linha do determinante, encontramos o 2º modo de vibrar:

$$[-38,270 \quad -38,270] \begin{Bmatrix} \Theta_1^{(2)} \\ \Theta_2^{(2)} \end{Bmatrix} = 0.$$

Fazendo-se $\Theta_1^{(2)} = 1{,}0$; $\Theta_2^{(2)} = -1{,}0$ 1º modo $\begin{Bmatrix} 1{,}0 \\ -1{,}0 \end{Bmatrix}$

No 1º modo, os pêndulos oscilam em fase, e, no 2º modo, oscilam fora de fase.

8.6 VIBRAÇÕES FORÇADAS SEM AMORTECIMENTO

8.6.1 ABSORVEDOR DE VIBRAÇÃO

Um sistema está operando em uma frequência de excitação próxima à sua frequência natural, e nele serão induzidas grandes vibrações. Pode-se reduzir essas vibrações pela utilização de um absorvedor de vibração, com o objetivo de neutralizá-la, o qual é simplesmente um outro sistema massa-mola. Projeta-se o absorvedor para atuar na ressonância, afastando essa condição do sistema principal.

Considere a máquina de massa principal M_1, com o absorvedor de massa secundária m_2.

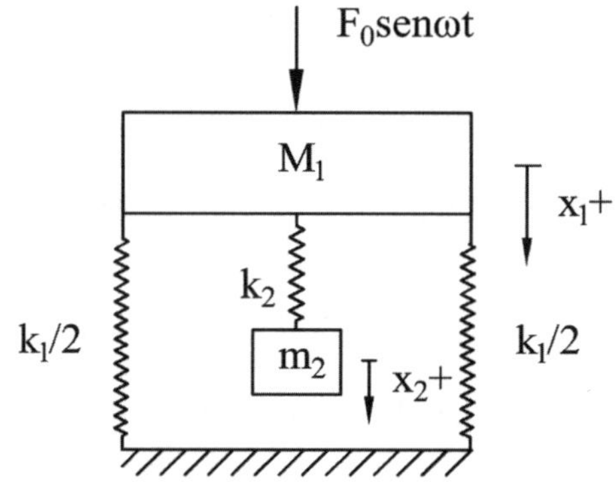

Figura 8.16 – Sistema com absorvedor de vibração.

Fazendo-se o diagrama de blocos e representando as forças na condição dinâmica:

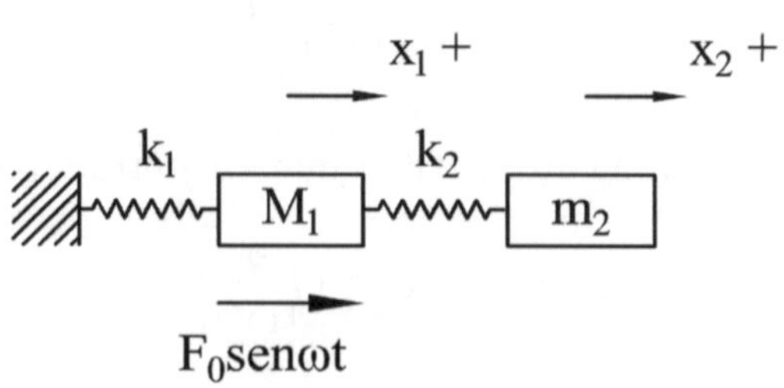

Deslocando-se o bloco 1 e expressando-se as forças decorrentes:

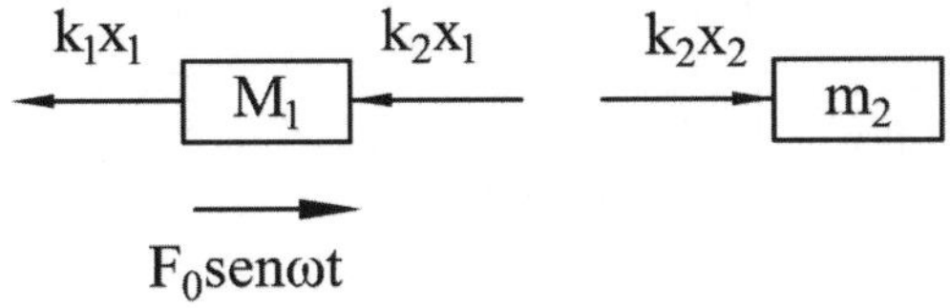

Deslocando-se o bloco 2 e expressando-se as forças decorrentes:

Figura 8.17 – Forças nas molas de um sistema absorvedor de vibração.

As equações diferenciais ficam:

$$-k_1x_1 - k_2x_1 + k_2x_2 + F_0\text{sen}\omega t = M_1\ddot{x}_1$$

$$k_2x_1 - k_2x_2 = m_2\ddot{x}_2.$$

Rearranjando-se as equações,

$$M_1\ddot{x}_1 + k_1x_1 + k_2x_1 - k_2x_2 = F_0\text{sen}\omega t$$

$$m_2\ddot{x}_2 - k_2x_1 + k_2x_2 = 0.$$

Para o regime permanente, tomando-se a solução das equações na forma:

$$x_i = X_i\ \text{sen}\omega t$$

$\ddot{x}_i = -\omega^2X_i\text{sen}\omega t \quad i = 1,2$, substituindo nas equações dadas,

$$-M_1\omega^2X_1\text{sen}\omega t + (k_1 + k_2)X_1\text{sen}\omega t - k_2X_2\text{sen}\omega t = F_0\text{sen}\omega t$$

$$-m_2\omega^2X_2\text{sen}\omega t - k_2X_1\text{sen}\omega t + k_2X_2\text{sen}\omega t = 0$$

Escrevendo-se na forma matricial e cancelando-se o termo seno,

$$\begin{bmatrix} (k_1 + k_2) - M_1\omega^2 & -k_2 \\ -k_2 & k_2 - m_2\omega^2 \end{bmatrix} \begin{Bmatrix} x_1 \\ x_2 \end{Bmatrix} = \begin{Bmatrix} Fo \\ 0 \end{Bmatrix}.$$

Esta é uma equação matricial algébrica não homogênea, que pode ser resolvida para as amplitudes em regime permanente (X_1 e X_2) das massas M_1 e m_2 por Cramer, em que:

$$X_1 = \frac{DX1}{det.} \quad e\ X_2 = \frac{DX2}{det.}$$

Determinante (det.) = $(k_1 + k_2 - M_1\omega^2)(k_2 - m_2\omega^2) - k_2^{\ 2}$

$$DX_1 = \begin{bmatrix} F0 & -k_2 \\ 0 & k_2 - m_2\omega^2 \end{bmatrix} = F_0(k_2 - m_2\omega^2)$$

$$DX_2 = \begin{bmatrix} (k1 + k2) - m_1\omega^2 & F0 \\ -k_2 & 0 \end{bmatrix} = F_0 k_2$$

A amplitude da massa M_1,

$$X_1 = \frac{F0(k_2 - m_2\omega^2)}{(k_1 + k_2 - M_1\omega^2)(k_2 - m_2\omega^2) - k_2^2)} \tag{8.20}$$

A amplitude da massa m_2,

$$X_2 = \frac{F0k_2}{(k_1 + k_2 - M_1\omega^2)(k_2 - m_2\omega^2) - k_2^2)} \tag{8.21}$$

Considerações: nosso interesse é reduzir a amplitude X_1 da máquina M_1. Para que a amplitude de M_1 seja zero, o numerador da Equação (8.20) deve ser zero, portanto,

$$k_2 - m_2\omega^2 = 0,\ \omega^2 = \frac{k_2}{m_2},\ \text{onde } \omega = \text{frequência de excitação.}$$

Se a máquina antes do absorvedor funcionar perto da ressonância,

$\omega^2 = \omega n_1^{\ 2} = \frac{k_1}{m_1}$, em que ωn_1 = frequência natural da máquina ou sistema principal.

Frequência natural do absorvedor: $\omega n_2 = \sqrt{\frac{k_2}{m_2}}\ \ \omega n_2^{\ 2} = \frac{k_2}{m_2}$.

Chamando-se de δ_0 a deformação estática causada pela força F_0, $F_0 = k\delta_0$, então:

$\delta_0 = \frac{F_0}{k_1}$ (relativo ao sistema principal), e as Expressões (8.20) e (8.21) podem ser rearranjadas. Dividindo-se pelos k(s) equivalentes para expressar as frequências naturais do sistema,

$$\frac{X_1}{\delta_0} = \frac{1 - \left(\frac{\omega}{\omega n2}\right)^2}{\left[1 + \frac{k2}{k1} - \left(\frac{\omega}{\omega n1}\right)^2\right]\left[1 - \left(\frac{\omega}{\omega n2}\right)^2\right] - \frac{k2}{k1}} \tag{8.22}$$

$$\frac{X_2}{\delta_0} = \frac{1}{\left[1 + \frac{k2}{k1} - \left(\frac{\omega}{\omega n1}\right)^2\right]\left[1 - \left(\frac{\omega}{\omega n2}\right)^2\right] - \frac{k2}{k1}} \tag{8.23}$$

Da Expressão (8.22), a amplitude X_1 da massa M_1 será zero quando $1 - \left(\frac{\omega}{\omega n2}\right)^2 = 0$.

Isso ocorre quando a frequência de aplicação da força (ω) for a mesma da frequência natural do absorvedor (ωn_2). Trabalhando com a massa secundária, m_2, da Expressão (8.23) quando $\omega = \omega n_2$, o denominador torna-se $-\frac{k2}{k1}$. A expressão fica:

$$\frac{X_2}{\delta_0} = \frac{1}{\frac{k2}{k1}}, \quad X_2 = -\frac{k_1\delta_0}{k_2}, \text{ mas } \delta_0 = \frac{F_0}{k_1} \quad \therefore \quad X_2 = -\frac{F_0}{k_2} \tag{8.24}$$

Da Expressão (8.24), $k_2X_2 = -F_0 = m_2X_2\omega^2$ (8.25)

Análise: com a massa principal (M_1) estacionária ($X_1 = 0$), a massa do absorvedor (m_2) em movimento gera uma força $F = -F_0$ senωt, igual e oposta à força externa, significando que o absorvedor absorve a energia de entrada do sistema.

Nossas análises estão sendo feitas sobre um sistema com dois graus de liberdade. Portanto, surgirão duas frequências naturais no sistema, as quais o levarão à ressonância. Igualando o denominador da Equação (8.22) a zero, podemos escrever:

$$\left[1 + \frac{k_2}{k_1} - \left(\frac{\omega}{\omega n_1}\right)^2\right]\left[1 - \left(\frac{\omega}{\omega n_2}\right)^2\right] - \frac{k_2}{k_1} = 0.$$

Dado que nos interessa o estudo na ressonância, $\omega n_1 = \omega n_2$. Expandindo-se e aplicando-se a distributiva,

$$1 - \left(\frac{\omega}{\omega n_2}\right)^2 + \frac{k_2}{k_1} - \frac{k_2}{k_1}\left(\frac{\omega}{\omega n_2}\right)^2 - \left(\frac{\omega}{\omega n_1}\right)^2 + \left(\frac{\omega}{\omega n_2}\right)^4 - \frac{k_2}{k_1} = 0.$$

Fazendo-se as considerações:

$$\frac{k_2}{k_1} = \frac{k_2}{m_2}\frac{m_2}{M_1}\frac{M_1}{k_1} = \frac{m_2}{M_1}\left(\frac{\omega n_2}{\omega n_1}\right)^2,$$

Fazendo-se $\gamma = \frac{m_2}{M_1}$,

$$\frac{k_2}{k_1} = \gamma\left(\frac{\omega n_2}{\omega n_1}\right)^2$$

$$1 - \left(\frac{\omega}{\omega n_2}\right)^2 - \gamma\left(\frac{\omega n_2}{\omega n_1}\right)^2\left(\frac{\omega}{\omega n_2}\right)^2 - \left(\frac{\omega}{\omega n_1}\right)^2 + \left(\frac{\omega}{\omega n_2}\right)^4 = 0, \text{ cancelando-se } \omega n_2$$

$$1 - \left(\frac{\omega}{\omega n_2}\right)^2 - \gamma\left(\frac{\omega}{\omega n_1}\right)^2 - \left(\frac{\omega}{\omega n_1}\right)^2 + \left(\frac{\omega}{\omega n_2}\right)^4 = 0$$

Simplificando, fazendo-se $r = \left(\frac{\omega}{\omega n}\right)^2$,

$$r^2 - 2r - \gamma r + 1 = 0$$

$r^2 - (2 + \gamma)r + 1 = 0$. As raízes são obtidas por Báscara:

$$r_{1,2} = \frac{(2+\gamma) \pm \sqrt{(2+\gamma)^2 - 4}}{2} \quad (8.26)$$

As raízes serão r_1 e r_2.

Percebe-se que, embora o absorvedor dinâmico elimine a vibração do sistema na frequência aplicada conhecida ω, ele introduz duas novas frequências de ressonância Ω_1 e Ω_2, nas quais a amplitude do sistema é infinita. Portanto, a frequência de operação ω deve ser mantida afastada das frequências Ω_1 e Ω_2. O gráfico de ressonâncias a seguir mostra os comportamentos.

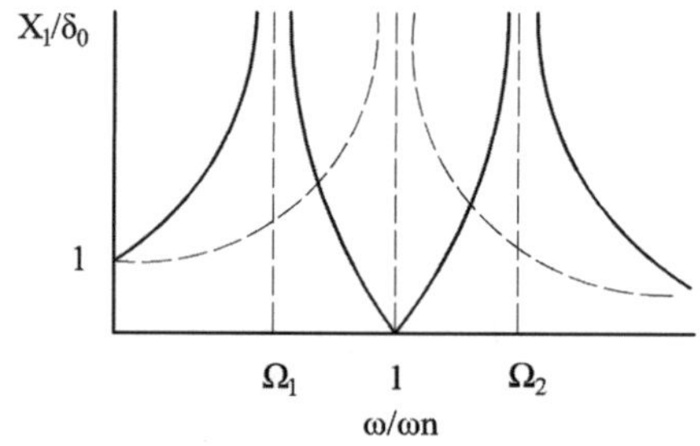

Figura 8.18 – Gráfico de ressonância de um sistema com absorvedor.

Exemplo 8.6

Um motor de peso 4.000 N é posto para funcionar e sua velocidade de trabalho é 3.500 rpm. Constatou-se que, em funcionamento, apresentou um comportamento de muita vibração, e a solução encontrada foi acoplar um absorvedor com amplitude que não ultrapasse 4 mm. Projetá-lo, sendo a força de excitação atuante no motor é 250 N.

Análise: queremos determinar a rigidez k_2 e a massa m_2 do absorvedor.

$$\omega = 2\pi\frac{3.500}{60} = 366{,}5 \text{ [rad/s]}$$

$$F_0 = 250 \text{ N}$$

Assume-se que o motor esteja funcionando em sua frequência natural. No projeto, é necessário que a frequência natural do absorvedor seja igual à frequência natural do motor, $\omega n_2 = \omega$.

Da Expressão (8.24),

$$X_2 \leq 0{,}004 = \frac{F_0}{k_2} \text{ em módulo.}$$

$$k_2 = \frac{250}{0{,}004} = 62.500 \text{ [N/m]}$$

A massa do absorvedor deve ser:

$$\omega n_2{}^2 = \omega^2 = \frac{k_2}{m_2},\ m_2 = \frac{62.500}{366{,}5^2} = 0{,}465 \text{ [kg].}$$

Em funcionamento e devido à introdução do absorvedor, surgirão duas novas frequências Ω_1 e Ω_2. Da Expressão (8.26), encontramos r_1 e r_2, sendo

$$\gamma = \frac{m_2}{M_1} = \frac{0{,}465}{407{,}75} = 1{,}14.10^{-3}$$

$$r_1 = 0{,}9668$$

$$r_2 = 1{,}0343.$$

Sendo $r_1 = \frac{\Omega_1}{\omega}$ e $r_2 = \frac{\Omega_2}{\omega}$,

$$\Omega_1 = 354{,}3 \text{ [rad/s]}$$

$$\Omega_2 = 379 \text{ [rad/s]}$$

8.7 VIBRAÇÕES LIVRES AMORTECIDAS – AMORTECIMENTO PROPORCIONAL

Para a análise de sistemas livres amortecidos, adotamos a condição de modelagem de amortecimento proporcional. Essa condição indica sistemas com leve amortecimento, o qual é proporcional à massa [M] e à rigidez [K], e a formulação de modo normal pode ser aplicada nas análises de comportamento do sistema, pois os autovetores serão os mesmos dos sistemas não amortecidos. A indicação de proporcionalidade é dada por $[C] = \alpha[M] + \beta[K]$, sendo α e β constantes reais.

Para uma verificação proporcionalidade, considerando-se as matrizes:

$$[M] = \begin{bmatrix} 4 & 0 \\ 0 & 2 \end{bmatrix}, [K] = \begin{bmatrix} 4 & -2 \\ -2 & 2 \end{bmatrix}, [C] = \begin{bmatrix} 1{,}6 & -0{,}4 \\ -0{,}4 & 0{,}8 \end{bmatrix}$$

$$[C] = \alpha \begin{bmatrix} 4 & 0 \\ 0 & 2 \end{bmatrix} + \beta \begin{bmatrix} 4 & -2 \\ -2 & 2 \end{bmatrix} = \begin{bmatrix} 4\alpha + 4\beta & -2\beta \\ -2\beta & 2\alpha + 2\beta \end{bmatrix}$$

Encontrando-se as constantes α e β, comparando as linhas e colunas com a matriz [C],

$$4\alpha + 4\beta = 1{,}6 \qquad \text{(a)}$$

$$-2\beta = -0{,}4 \text{ portanto } \beta = 0{,}2, \text{ substituindo em (a),}$$

$$4\alpha + 0{,}8 = 1{,}6, \ \alpha = 0{,}2$$

$$2\alpha + 2\beta = 0{,}8$$

A matriz de amortecimento fica

$$\begin{bmatrix} 4\alpha + 4\beta & -2\beta \\ -2\beta & 2\alpha + 2\beta \end{bmatrix} = \begin{bmatrix} 1{,}6 & -0{,}4 \\ -0{,}4 & 0{,}8 \end{bmatrix} = [C].$$

A matriz de amortecimento apresenta amortecimento proporcional.

8.7.1 FATOR DE AMORTECIMENTO

Vimos que o fator de amortecimento depende do coeficiente de amortecimento, da massa m e da frequência natural ωn.

$\xi = \dfrac{C}{2m\omega n}$, portanto, para um sistema com dois graus de liberdade, obtemos um fator de amortecimento para cada modo de vibração, pois estará influenciado pela frequência correspondente. O fator de amortecimento pode ser obtido como

$$\lambda_n = \sigma_n + i\omega a_n, \text{ onde o subíndice } n = 1,2,\ldots n.$$

Os autovalores, as raízes de sistemas amortecidos, têm a forma de pares complexos conjugados, e pode-se obter os fatores de amortecimento na forma

$$\lambda = (-\xi + i\sqrt{1 - \xi^2})\ \omega n, \ \sigma = -\xi\omega n.$$

Dado o sistema massa-mola-amortecedor, determinar as frequências naturais, os modos de vibrar e o fator de amortecimento para cada modo.

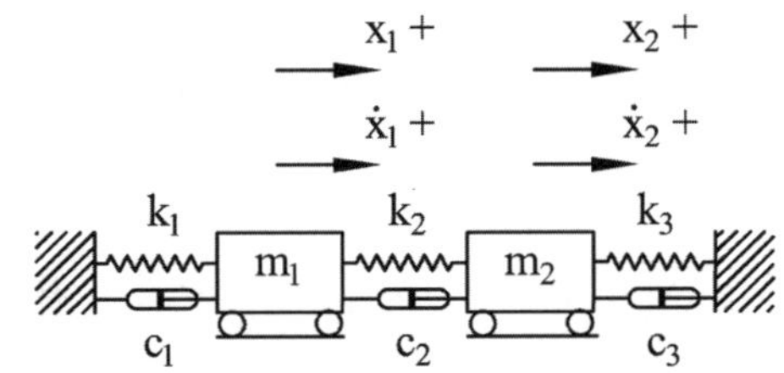

Figura 8.19a – Modelagem massa-mola-amortecedor em vibração livre.

Escrevemos a expressão geral a partir do diagrama de corpo livre.

Deslocando-se o bloco 1 e representando-se as forças decorrentes:

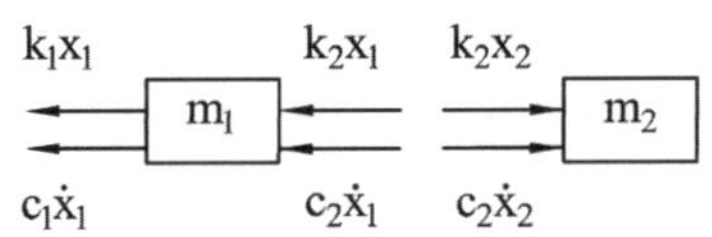

Figura 8.19b – Modelagem massa-mola-amortecedor em vibração livre.

$$m_1\ddot{x}_1 = -k_1x_1 - c_1\dot{x}_1 - k_2x_1 - c_2\dot{x}_1 + k_2x_2 + c_2\dot{x}_2$$

$$m_1\ddot{x}_1 + (c_1 + c_2)\dot{x}_1 - c_2\dot{x}_2 + (k_1 + k_2)x_1 - k_2x_2 = 0 \qquad \text{(a)}$$

Deslocando-se o bloco 2 e representando-se as forças decorrentes:

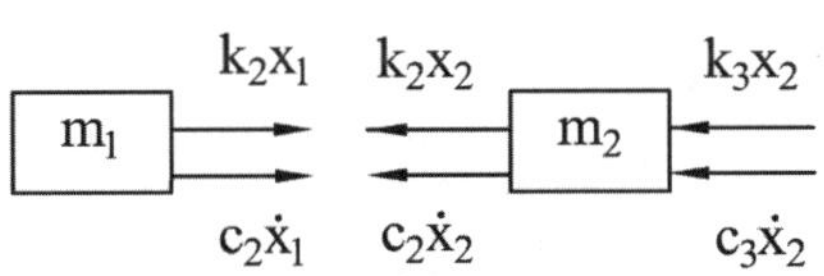

Figura 8.20 – Forças nas molas e amortecedores de um sistema em vibração livre.

$$m_2\ddot{x}_2 = k_2x_1 + c_2\dot{x}_1 - k_2x_2 - c_2\dot{x}_2 - k_3x_2 - c_3\dot{x}_2$$

$$m_1\ddot{x}_2 - c_2\dot{x}_1 + (c_2 + c_3)\,\dot{x}_2 - k_2x_1 + (k_2 + k_3)x_2 = 0 \qquad \text{(b)}$$

Escrevendo-se as expressões (a) e (b) na forma matricial,

$$\begin{bmatrix} m_1 & 0 \\ 0 & m_2 \end{bmatrix}\begin{Bmatrix} \ddot{x}_1 \\ \ddot{x}_2 \end{Bmatrix} + \begin{bmatrix} (c_1 + c_2) & -c_2 \\ -c_2 & (c_2 + c_3) \end{bmatrix}\begin{Bmatrix} \dot{x}_1 \\ \dot{x}_2 \end{Bmatrix} + \begin{bmatrix} (k_1 + k_2) & -k_2 \\ -k_2 & (k_2 + k_3) \end{bmatrix}\begin{Bmatrix} x_1 \\ x_2 \end{Bmatrix} = \begin{Bmatrix} 0 \\ 0 \end{Bmatrix}$$

Tomando-se a solução na forma

$$x = Xe^{st};\ \dot{x} = sXe^{st};\ \ddot{x} = s^2 Xe^{st}; \qquad \text{(c)}$$

Substituindo-se as expressões (c) em (a) e (b) e cancelando-se os termos exponenciais,

$$m_1 s^2 X_1 + (c_1 + c_2)sX_1 - c_2 sX_2 + (k_1 + k_2)X_1 - k_2 X_2 = 0$$

$$m_2 s^2 X_2 - c_2 sX_1 + (c_2 + c_3)sX_2 - k_2 X_1 + (k_2 + k_3)X_2 = 0$$

Escrevendo-se na forma matricial,

$$\begin{bmatrix} m_1 s^2 + (c_1 + c_2)s + (k_1 + k_2) & -c_2 s - k_2 \\ -c_2 s - k_2 & m_2 s^2 + (c_2 + c_3)s + (k_2 + k_3) \end{bmatrix} \begin{Bmatrix} x_1 \\ x_2 \end{Bmatrix} = \begin{Bmatrix} 0 \\ 0 \end{Bmatrix}. \qquad (8.27)$$

Resolvendo-se o determinante e dispondo os graus em forma decrescente,

$$A = m_1 m_2 s^4$$

$$B = [m_1 (c_2 + c_3) + m_2 (c_1 + c_2)]\ s^3 +$$

$$C = [m_1 (k_2 + k_3) + (c_1 + c_2)(c_2 + c_3) + m_2 (k_1 + k_2) - c_2]\ s^2 +$$

$$D = [(c_1 + c_2)(k_2 + k_3) + (k_1 + k_2)(c_2 + c_3) - k_2 c_2 - c_2 k_2]\ s +$$

$$E = (k_1 + k_2)(k_2 + k_3) - k_2^{\,2}$$

O polinômio fica escrito:

$$As^4 + Bs^3 + Cs^2 + Ds + E = 0.$$

Fazendo os termos $m_1 = m_2 = m$, $c_1 = c_2 = c_3 = c$, $k_1 = k_2 = k_3 = k$, os termos A, B, C, D, E ficam escritos:

$$A = m^2 s^4$$

$$B = 4mcs^3$$

$$C = (4mk + 3c^2)\ s^2$$

$$D = 6cks$$

$$E = 3k^2$$

Reescrevendo-se o polinômio:

$$m^2 s^4 + 4mcs^3 + (4mk + 3c^2)\ s^2 + 6cks + 3k^2 = 0 \quad (\div\ m^2)$$

$$s^4 + 4\frac{c}{m}\ s^3 + \left(\frac{4k}{m} + \frac{3c^2}{m^2}\right) s^2 + \frac{6ck}{m^2}\ s + \frac{3k^2}{m^2} = 0\cdot$$

Exemplo 8.7

Queremos determinar as frequências de vibrações, os fatores de amortecimento e os modos de vibrar do sistema livre amortecido, sendo dados:

$$m = 2 \text{ kg}, c = 8 \text{ Ns/m}, k = 400 \text{ N/m. O polinômio fica}$$

$$s^4 + 16s^3 + 848s^2 + 4.800s + 120.000 = 0$$

As raízes do polinômio podem ser obtidas pelo *software* livre Scilab, Matlab e outros.

As raízes serão

$$s_1 = -2 \pm 14i,$$

$$s_2 = -6 \pm 23{,}7487i$$

Fator de amortecimento do 1º modo:

$$s_1 = -2 + i14 = -\xi\omega a + i\sqrt{1-\xi^2}\,\omega n$$

$$-2 = -\xi\omega a = 14\xi \qquad \xi = 0{,}1428$$

A frequência natural não amortecida do 1º modo:

$$\omega a = \sqrt{1-\xi^2}\,\omega n \qquad \omega n = \frac{14}{\sqrt{1-0{,}1428^2}} = 14{,}14 \text{ rad/s.}$$

Fator de amortecimento do 2º modo:

$$s_2 = -6 + 23{,}749i = -\xi\omega a + i\sqrt{1-\xi^2}\,\omega n$$

$$-6 = -\xi\omega a = -23{,}749\xi \qquad \xi = 0{,}2526.$$

A frequência natural não amortecida do 2º modo:

$$\omega a = \sqrt{1-\xi^2}\,\omega n \quad \omega n = \frac{23{,}749}{\sqrt{1-0{,}2526^2}} = 24{,}54 \text{ rad/s.}$$

Determinação do 1º modo:

Substituindo-se as grandezas de m, c, k na 1ª linha da Equação Matricial (8.27),

$$[\,2s^2 + 16s + 800 \qquad -8s - 400]\begin{Bmatrix} x_1^{(1)} \\ x_2^{(1)} \end{Bmatrix} = \begin{Bmatrix} 0 \\ 0 \end{Bmatrix} \tag{8.28}$$

Para $s_1 = -2 + 14i$,

$$[2(-2+14i)^2 + 16(-2+14i) + 800 \qquad -8(-2+14i) - 400]\begin{Bmatrix} x_1^{(1)} \\ x_2^{(1)} \end{Bmatrix} = \begin{Bmatrix} 0 \\ 0 \end{Bmatrix}$$

$$[384 + 112i \qquad -384 - 112i]\begin{Bmatrix} X_1^{(1)} \\ X_2^{(1)} \end{Bmatrix} = \begin{Bmatrix} 0 \\ 0 \end{Bmatrix}$$

$$(384 + 112i)X_1^{(1)} - (384 + 112i)X_2^{(1)} = 0$$

Fazendo $X_1^{(1)} = 1{,}0$ encontramos $X_2^{(1)}$.

$$X_2^{(1)} = \frac{384 + 112i}{384 + 122i} = \frac{384^2 + 112^2}{384^2 + 122^2} + \left(\frac{112 \cdot 384 - 112 \cdot 384}{384^2 + 122^2}\right) i = 1 + 0 = 1{,}0$$

$$\{X^{(1)}\} = \begin{Bmatrix} 1{,}0 \\ 1{,}0 \end{Bmatrix}$$

Determinação do 2º modo:

Substituindo-se $s_2 = -6 + 23{,}749i$ na 1ª linha da Equação (8.26),

$$[2(-6 + 23{,}749i)^2 + 16(-6 + 23{,}749i) + 800 \qquad -8(-6 + 23{,}749i) - 400]\begin{Bmatrix} X_1^{(1)} \\ X_2^{(1)} \end{Bmatrix} = \begin{Bmatrix} 0 \\ 0 \end{Bmatrix}$$

Fazendo-se $X_1^{(2)} = 1{,}0$ e repetindo-se as operações, $X_2^{(2)} = -1{,}0$,

$$\{X^{(2)}\} = \begin{Bmatrix} 1{,}0 \\ -1{,}0 \end{Bmatrix}$$

A matriz modal $\{X\} = \begin{Bmatrix} 1{,}0 & 1{,}0 \\ 1{,}0 & -1{,}0 \end{Bmatrix}$.

Pelos procedimentos vistos na Seção 8.2.2, podemos desacoplar as coordenadas do sistema amortecido pela diagonalização das matrizes de massa, rigidez e amortecimento, e encontrar os autovalores. Considerando-se os dados m = 2 kg, c = 8 Ns/m, k = 400 N/m:

Matriz de massa $[M] = \begin{bmatrix} m_1 & 0 \\ 0 & m_2 \end{bmatrix} = \begin{bmatrix} 2 & 0 \\ 0 & 2 \end{bmatrix}$;

matriz de amortecimento $[C] = \begin{bmatrix} c_1 + c_2 & -c_2 \\ -c_2 & c_3 + c_4 \end{bmatrix} = \begin{bmatrix} 16 & -8 \\ -8 & 16 \end{bmatrix}$;

matriz de rigidez $[K] = \begin{bmatrix} k_1 + k_2 & -k_2 \\ -k_2 & k_3 + k_4 \end{bmatrix} = \begin{bmatrix} 800 & -400 \\ -400 & 800 \end{bmatrix}$;

matriz modal $[\Phi] = [\{X^{(1)}\} \quad \{X^{(2)}\}] = \begin{bmatrix} 1{,}0 & 1{,}0 \\ 1{,}0 & -1{,}0 \end{bmatrix}$.

Diagonalizando as matrizes, obtemos:

$$[\Phi]^T[M][\Phi] = [M^*] = \begin{bmatrix} 4 & 0 \\ 0 & 4 \end{bmatrix}$$

$$[\Phi]^T[C][\Phi] = [C^*] = \begin{bmatrix} 16 & 0 \\ 0 & 48 \end{bmatrix}$$

$$[\Phi]^T[K][\Phi] = [K^*] = \begin{bmatrix} 800 & 0 \\ 0 & 2.400 \end{bmatrix}$$

Pela solução do determinante, encontramos as equações gerais para cada termo dele. Reescrevendo-se com os resultados, utilizando as matrizes diagonalizadas

$$A = m_1 m_2 s^4 = 16s^4$$

$$B = [m_1 (c_2 + c_3) + m_2 (c_1 + c_2)]\ s^3 = 256s^3$$

$$C = [m_1 (k_2 + k_3) + (c_1 + c_2)(c_2 + c_3) + m_2 (k_1 + k_2) - c_2]\ s^2 = 13.568s^2$$

$$D = [(c_1 + c_2)(k_2 + k_3) + (k_1 + k_2)(c_2 + c_3) - k_2 c_2 - c_2 k_2]\ s = 76.800s$$

$$E = (k_1 + k_2)(k_2 + k_3) - k_2{}^2 = 1.920.000$$

Escrevemos o polinômio,

$$As^4 + Bs^3 + Cs^2 + Ds + E = 0$$

$$16s^4 + 256s^3 + 13.568s^2 + 76.800s + 1.920.000 = 0\ (\div\ 16)$$

$$s^4 + 16s^3 + 848s^2 + 4.800s + 120.000 = 0.$$

O polinômio é o mesmo já encontrado no exemplo 8.7, e as raízes serão

$$s_1 = -2 + 14i,\ \ s_1 -2 - 14i$$

$$s_2 = -6 + 23{,}7487i,\ \ s_2 = -6 - 23{,}7487i$$

8.8 CORPO EM TRANSLAÇÃO E ROTAÇÃO COM AMORTECIMENTO

Semelhantemente ao sistema já estudado, o sistema em translação e rotação, considerando-se agora que a massa esteja sobre apoios de molas e amortecedores, podendo transladar no eixo vertical x e rotacionar θ em torno do centro de massa G.

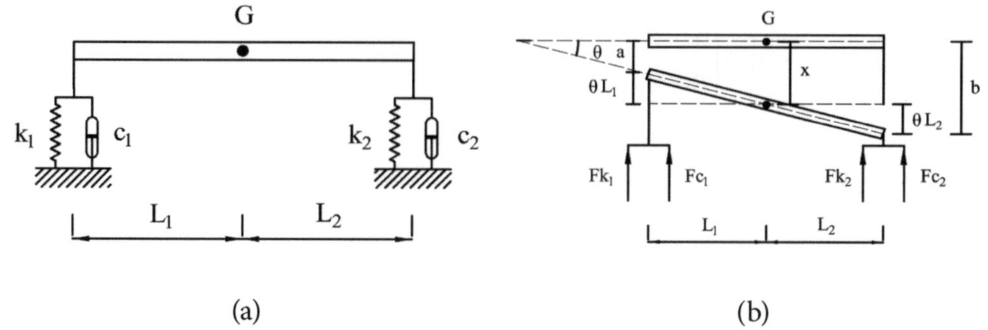

Figura 8.21 – Sistema em translação e rotação amortecido.

$$x = \text{translação}, \ \theta = \text{rotação};$$

$$Fk = \text{força da mola}, \ Fk_1 = k_1 a, \ Fk_2 = kb;$$

$$Fc = \text{força do amortecedor}, \ Fc_1 = c\dot{a}, \ Fc_2 = c\dot{b};$$

$$a = x - \theta L_1, \ b = x + \theta L_2.$$

Forças devido à translação em relação ao centro de massa G ($\sum F = ma$):

$$m\ddot{x} = -Fk_1 - Fk_2 - Fc_1 - Fc_2$$

$$m\ddot{x} + Fc_1 + Fc_2 + Fk_1 + Fk_2 = 0. \quad \text{(a)}$$

Conjugados em relação ao centro de massa G ($\sum T = Io\ddot{\theta}$),

$$T = F.L \curvearrowright + Io\ddot{\theta} = Fk_1L_1 + Fc_1L_1 - Fk_2L_2 - Fc_2L_2$$

$$I_O\ddot{\theta} - Fc_1L_1 - Fk_1L_1 + Fc_2L_2 + Fk_2L_2 = 0 \quad \text{(b)}$$

Reescrevendo-se a equação (a):

$$m\ddot{x} + c_1(\dot{x} - \dot{\theta}L_1) + c_2(\dot{x} + \dot{\theta}L_2) + k_1(x - \theta L_1) + k_2(x + \theta L_2) = 0$$

$$m\ddot{x} + (c_1 + c_2)\dot{x} + (c_2L_2 - c_1L_1)\dot{\theta} + (k_1 + k_2)x + (k_2L_2 - k_1L_1)\theta = 0 \quad \text{(c)}$$

Reescrevendo-se a equação (b):

$$Io\ddot{\theta} - c_1(\dot{x} - \dot{\theta}L_1)L_1 + c_2(\dot{x} + \dot{\theta}L_2)L_2 - k_1(x - \theta L_1)L_1 + k_2(x + \theta L_2)L_2 = 0$$

$$Io\ddot{\theta} + (c_2L_2 - c_1L_1)\dot{x} + (c_1L_1^2 + c_2L_2^2)\dot{\theta} + (k_2L_2 - k_1L_1)x + (k_1L_1^2 + k_2L_2^2)\theta = 0 \quad \text{(d)}$$

Escrevendo-se as equações (c) e (d) na forma matricial:

$$\begin{bmatrix} m & 0 \\ 0 & Io \end{bmatrix} \begin{Bmatrix} \ddot{x} \\ \ddot{\theta} \end{Bmatrix} + \begin{bmatrix} (c_1 c_2) & (c_2L_2 - c_1L_1) \\ (c_2L_2 - c_1L_1) & (c_1L_1^2 + c_2L_2^2) \end{bmatrix} \begin{Bmatrix} \dot{x} \\ \dot{\theta} \end{Bmatrix} +$$

$$+ \begin{bmatrix} (k_1 + k_2) & (k_2L_2 - k_1L_1) \\ (k_2L_2 - k_1L_1) & (k_1L_1^2 + k_2L_2^2) \end{bmatrix} \begin{Bmatrix} x \\ \theta \end{Bmatrix} = \begin{Bmatrix} 0 \\ 0 \end{Bmatrix}.$$

Tomando-se as soluções nas formas:

$$x(t) = Xe^{st},\ \dot{x}(t) = sXe^{st},\ \ddot{x}(t) = s^2Xe^{st}$$

$$\theta(t) = \Theta e^{st},\ \dot{\theta}(t) = s\Theta e^{st},\ \ddot{\theta}(t) = s^2\Theta e^{st}.$$

Substituindo-se as soluções na equação matricial, desprezando-se os termos exponenciais e reescrevendo-se a equação,

$$ms^2X + (c_1 + c_2)sX + (c_2L_2 - c_1L_1)s\Theta + (k_1 + k_2)X + (k_2L_2 - k_1L_1)\Theta = 0$$

$$Ios^2\Theta + (c_2L_2 - c_1L_1)sX + (c_1L_1^2 + c_2L_2^2)s\Theta + (k_2L_2 - k_1L_1)X + (k_1L_1^2 + k_2L_2^2)\Theta = 0.$$

Escrevendo-se a matriz global do sistema,

$$\begin{bmatrix} ms^2 + (c_1 + c_2)s + (k_1 + k_2) & (c_2L_2 - c_1L_1)s + (k_2L_2 - k_1L_1) \\ (c_2L_2 - c_1L_1)s + (k_2L_2 - k_1L_1) & Ios^2 + (c_1L_1^2 + c_2L_2^2)s + (k_1L_1^2 + k_2L_2^2) \end{bmatrix} \begin{Bmatrix} x \\ \Theta \end{Bmatrix} = \begin{Bmatrix} 0 \\ 0 \end{Bmatrix}$$

Resolvendo-se o determinante e escrevendo-se a equação característica,

$$A = mIos^4 +$$

$$B = [m(c_1L_1^2 + c_2L_2^2) + Io(c_1 + c_2)]s^3 +$$

$$C = \{m(k_1L_1^2 + k_2L_2^2) + (c_1 + c_2)(c_1L_1^2 + c_2L_2^2) + Io(k_1 + k_2) -$$

$$[(c_2L_2 - c_1L_1)(c_2L_2 - c_1L_1)]\}s^2 +$$

$$D = \{(c_1 + c_2)(k_1L_1^2 + k_2L_2^2) + (k_1 + k_2)(c_1L_1^2 + c_2L_2^2) - [(c_2L_2 - c_1L_1)(k_2L_2 - k_1L_1) +$$

$$(k_2L_2 - k_1L_1)(c_2L_2 - c_1L_1)]\}s +$$

$$E = (k_1 + k_2)(k_1L_1^2 + k_2L_2^2) - (k_2L_2 - k_1L_1)(k_2L_2 - k_1L_1).$$

O polinômio fica escrito:

$$As^4 + Bs^3 + Cs^2 + Ds + E = 0$$

Exemplo 8.8

Um sistema apresenta as seguintes características: massa m = 220 kg, momento de inércia de massa Io = 80 kg.m^2, $k_1 = k_2 = 20$ kN/m, $c_1 = c_2 = 50$ Ns/m, $L_1 = L_2 = 0{,}75$m.

Queremos determinar os fatores de amortecimento e as frequências naturais de vibração para o 1º e o 2º modo.

$$A = 17.600s^4$$

$$B = 20.375s^3$$

$$C = 8.155.625s^2$$

$$D = 4{,}5.10^6 s$$

$$E = 9{,}0.10^8$$

$$17.600s^4 + 20.375s^3 + 8.155.625s^2 + 4{,}5.10^6 s + 9{,}0.10^8 = 0 \; (\div\, 17.600)$$

$$s^4 + 1{,}157s^3 + 463{,}388s^2 + 255{,}682s + 51136{,}363 = 0$$

As raízes serão:

$$s_1 = -0{,}22788 \pm 13{,}48205i$$

$$s_2 = -0{,}35061 \pm 16{,}76686i.$$

1º modo:

Fator de amortecimento

$$s_1 = -0{,}22788 + 13{,}48205i = -\xi\omega n + i\sqrt{1-\xi^2}\,\omega n$$

$$-0{,}22788 = \xi 13{,}48205 \qquad \xi = 0{,}0169$$

Frequência natural

$$13{,}48205 = \sqrt{1 - 0{,}0169^2}\,\omega n \qquad \omega a = \omega n = 13{,}48 \text{ rad/s}$$

2º modo:

Fator de amortecimento

$$s_2 = -0{,}35061 + 16{,}76686i = -\xi\omega n + i\sqrt{1-\xi^2}\,\omega n$$

$$-0{,}35061 = \xi 16{,}76686 \qquad \xi = 0{,}026$$

Frequência natural

$$16{,}76686 = \sqrt{1 - 0{,}026^2}\,\omega n \qquad \omega a = \omega n = 16{,}77 \text{ rad/s}$$

8.9 VIBRAÇÕES FORÇADAS AMORTECIDAS

O sistema mostra uma força harmônica $F_o e^{i\omega t}$ aplicada ao bloco 1, com duas massas m_1 e m_2, ligadas por uma mola e um amortecedor. Queremos escrever a expressão de amplitude do movimento no regime permanente dos dois blocos.

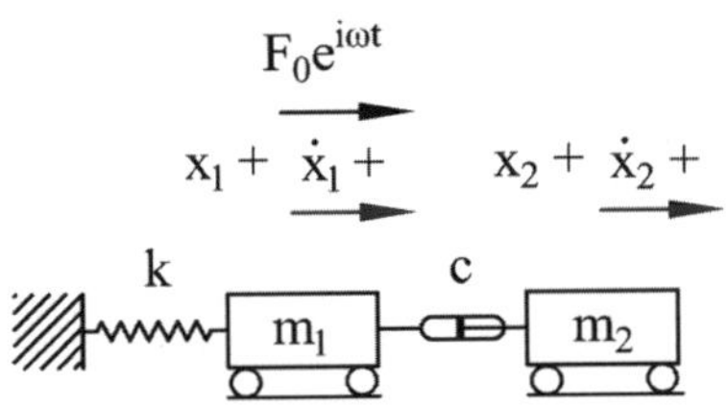

Figura 8.22a – Sistema massa-mola-amortecedor vibração forçada.

Deslocando-se o bloco 1 para a direita, representando as forças decorrentes na mola e no amortecedor, e escrevendo-se a equação diferencial.

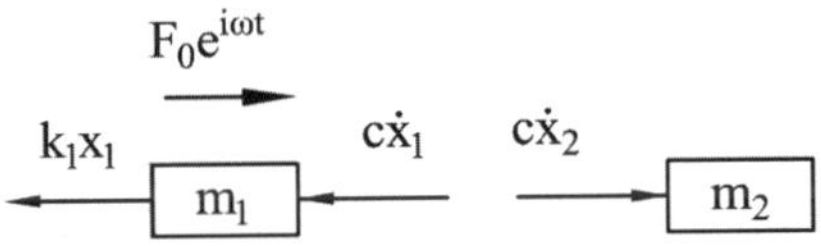

Figura 8.22b – Forças decorrentes ao deslocamento do bloco 1.

$$m_1\ddot{x}_1 = -kx_1 - c\dot{x}_1 + c\dot{x}_2 + F_o e^{i\omega t}$$

$$m_1\ddot{x}_1 + kx_1 + c\dot{x}_1 - c\dot{x}_2 = F_o e^{i\omega t} \quad \text{(a)}$$

Deslocando-se o bloco 2 para a direita, representando as forças decorrentes no amortecedor, e escrevendo-se a equação diferencial.

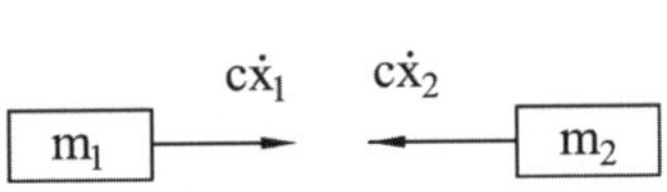

Figura 8.22c – Forças decorrentes ao deslocamento do bloco 2.

$$m_2\ddot{x}_2 = c\dot{x}_1 - c\dot{x}_2$$

$$m_2\ddot{x}_2 - c\dot{x}_1 + c\dot{x}_2 = 0 \quad \text{(b)}$$

Tomando-se a solução na forma:

$$x(t) = Xe^{i\omega t},\ \dot{x}(t) = Xi\omega e^{i\omega t},\ \ddot{x}(t) = -X\omega^2 e^{i\omega t}$$

Substituindo nas expressões (a) e (b),

$$-\omega^2 m_1 X_1 e^{i\omega t} + ic\omega X_1 e^{i\omega t} - ic\omega X_2 e^{i\omega t} + kX_1 e^{i\omega t} = F_o e^{i\omega t}$$

$$-\omega^2 m_2 X_2 e^{i\omega t} - ic\omega X_1 e^{i\omega t} + ic\omega X_2 e^{i\omega t} = 0.$$

Anulando-se os termos exponenciais e escrevendo na forma matricial,

$$\begin{bmatrix} k - m_1\omega^2 + ic\omega & -ic\omega \\ -ic\omega & -\omega^2 m_2 + ic\omega \end{bmatrix} \begin{Bmatrix} x_1 \\ x_2 \end{Bmatrix} = \begin{Bmatrix} F0 \\ 0 \end{Bmatrix}. \quad (8.29)$$

Esta é uma equação matricial não homogênea; as amplitudes são determinadas utilizando-se Cramer.

$$X_1 = \frac{DX1}{det.} \text{ e } X_2 = \frac{DX2}{det.}$$

Determinante da matriz:

$$-\omega^2 m_2 k + \omega^4 m_1 m_2 - ic\omega^3 m_2 + ic\omega k - icm_1\omega^3 - c^2\omega^2 + c^2\omega^2 = 0$$

Rearranjando,

$$-\omega^2 m_2 k + \omega^4 m_1 m_2 = m_2\omega^2(m_1\omega^2 - k)$$

$$-ic\omega^3 m_2 + ic\omega k - icm_1\omega^3 = ic\omega[k - \omega^2(m_2 + m_1)]$$

$$det = m_2\omega^2(m_1\omega^2 - k) + c\omega[k - \omega^2(m_2 + m_1)]$$

Da Equação (8.29):

$$DX_1 = \begin{bmatrix} Fo & ic\omega \\ 0 & -\omega^2 m_2 + ic\omega \end{bmatrix} = Fo(-m_2\omega^2 + c\omega)$$

$$DX_2 = \begin{bmatrix} k - m_1\omega^2 + ic\omega & Fo \\ -ic\omega & 0 \end{bmatrix} = Fo(c\omega)$$

$$X_1 = \frac{Fo(-m_2\omega^2 + c\omega)}{m_2\omega^2(m_1\omega^2 - k) + c\omega[k - \omega^2(m_1 + m_2)]}$$

$$X_2 = \frac{Fo(c\omega)}{m_2\omega^2(m_1\omega^2 - k) + c\omega[k - \omega^2(m_1 + m_2)]}$$

CAPÍTULO 9
SISTEMAS COM TRÊS OU MAIS GRAUS DE LIBERDADE

9.1 VIBRAÇÕES LIVRES

Os sistemas físicos normalmente presentes são, em sua maioria, sistemas contínuos com as propriedades de massa e rigidez distribuídas, possuindo, em tese, infinitos graus de liberdade, e sua descrição requer um tratamento matemático trabalhoso. Dessa forma, sistemas contínuos podem ser modelados como sistemas discretos descritos por equações diferenciais ordinárias, como já visto em sistemas com um ou dois graus de liberdade.

Quando se reduz um sistema contínuo cuja solução é dita como exata a um sistema com parâmetros concentrados, representado na modelagem massa-mola, quanto maior for o número de parâmetros do modelo, maior é a aproximação ao sistema contínuo. Entretanto, devido à discretização, as respostas serão aproximadas às exatas, apresentando erros percentuais que aumentam conforme se buscam frequências mais altas. Há a necessidade de técnicas algébricas de manipulação das matrizes.

Na modelagem de sistemas discretos, é necessária a construção de equações correspondentes ao número de graus de liberdade requeridos. Se, para trabalharmos com sistemas de dois graus de liberdade, o tratamento manual da álgebra matricial é uma tarefa relativamente simples, na modelagem de sistemas com três ou mais graus de liberdade, o processo é trabalhoso, requerendo a utilização de programas computacionais como o Scilab, o Matlab e outros.

Vamos considerar um sistema com três graus de liberdade, em vibração livre e sem amortecimento, representado pelos elementos inerciais m_1, m_2 e m_3, acoplados aos elementos de rigidez, molas k_1, k_2, k_3 e k_4, como na Figura 9.1.

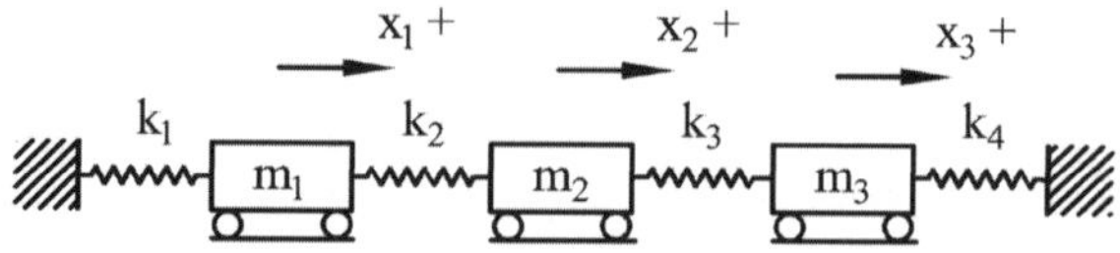

Figura 9.1 – Sistema massa-mola com três graus de liberdade.

Seguindo o procedimento já visto para a montagem das matrizes de massa e rigidez, encontramos as frequências naturais de vibração e os modos de vibrar pela matriz dinâmica [D].

$$[M] = \begin{bmatrix} m_1 & 0 & 0 \\ 0 & m_2 & 0 \\ 0 & 0 & m_3 \end{bmatrix}$$

$$[K] = \begin{bmatrix} k_1 + k_2 & -k_2 & 0 \\ -k_2 & k_2 + k_3 & -k_3 \\ 0 & -k_3 & k_3 + k_4 \end{bmatrix}$$

Com a matriz dinâmica [D], encontramos os autovalores e os autovetores.

$$[D] = [M]^{-1}[K]$$

$$[D - \lambda I] = 0, \text{ sendo } \lambda \text{ autovalor, } \omega n^2 = \lambda;$$

$$[D - \lambda I]\{X\} = 0, \text{ sendo X autovetor.}$$

Exemplo 9.1

Queremos determinar as frequências naturais e os modos de vibração livre do sistema mostrado na Figura 9.1, sendo dados:

$$m_1 = m_2 = m_3 = 4 \text{ kg} \qquad k_1 = k_2 = k_3 = k_4 = 400 \text{ N/m}.$$

A matriz de massa:

$$[M] = \begin{bmatrix} 4 & 0 & 0 \\ 0 & 4 & 0 \\ 0 & 0 & 4 \end{bmatrix}$$

A matriz de rigidez:

$$[K] = \begin{bmatrix} 800 & -400 & 0 \\ -400 & 800 & -400 \\ 0 & -400 & 800 \end{bmatrix}$$

A matriz dinâmica:

$$[D] = \begin{bmatrix} 200 & -100 & 0 \\ -100 & 200 & -100 \\ 0 & -100 & 200 \end{bmatrix}$$

A matriz para encontrarmos os autovalores:

$$\begin{bmatrix} 200-\lambda & -100 & 0 \\ -100 & 200-\lambda & -100 \\ 0 & -100 & 200-\lambda \end{bmatrix} = 0$$

O polinômio característico:

$$\lambda^3 - 600\lambda^2 + 1.10^5\lambda - 4.10^6 = 0$$

Os autovalores e as frequências naturais:

$\lambda_1 = 58{,}58$ $\omega n_1 = 7{,}65$ rad/s; $\lambda_2 = 200$ $\omega n_2 = 14{,}14$ rad/s; $\lambda_3 = 341{,}42$ $\omega n_3 = 18{,}48$ rad/s

A matriz modal:

$$\begin{Bmatrix} 0{,}7071 & 1{,}0 & -0{,}7071 \\ 1{,}0 & 0 & 1{,}0 \\ 0{,}7071 & -1{,}0 & -0{,}7071 \end{Bmatrix}$$

Plotando-se os modos:

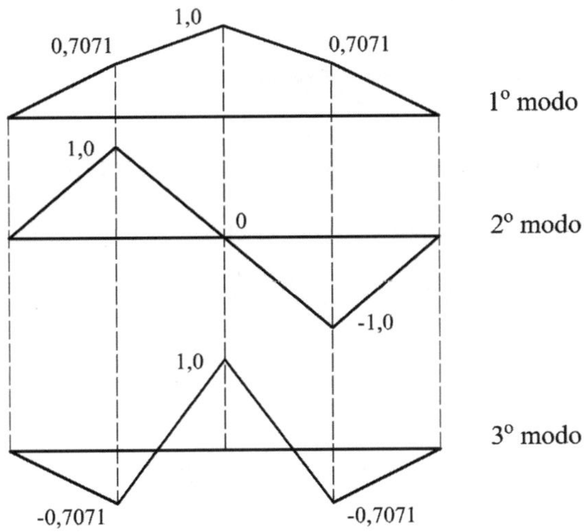

Figura 9.2 – Modos de vibrar.

Barra em vibração axial

Exemplo 9.2

Queremos determinar as frequências naturais e os modos de vibrar de uma barra em vibração axial que tem suas extremidades fixadas pelo engastamento, e comparar a resposta das frequências com a análise no contínuo. A barra é homogênea e isotrópica, com seção transversal constante, sendo modelada por 5 parâmetros inerciais representados pelos blocos, e a rigidez, por 6 molas.

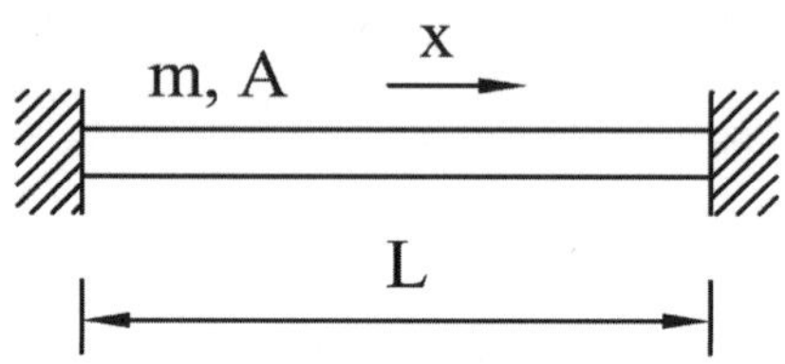

Figura 9.3 – Barra bi-engastada.

Para cada um dos cinco trechos da barra, representamos um bloco e localizamos o centro de massa (G) correspondente, junto com as rigidezes.

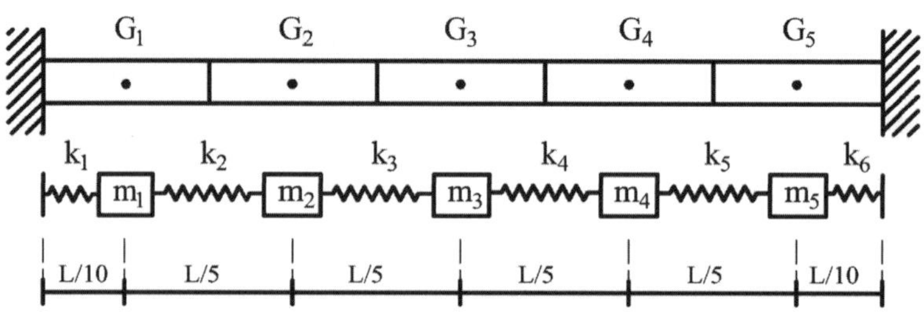

Figura 9.4 – Modelagem massa-mola da barra engastada.

Cada bloco terá massa correspondente a m = massa total/5.

$$m_{total} = \rho.A.L \text{ sendo } \rho = \text{densidade do material.}$$

A constante de rigidez axial é dada por $k = \dfrac{AE}{L}$.

$$k_1 = k_6 = \frac{10AE}{L},\ k_2 = k_3 = k_4 = k_5 = \frac{5AE}{L}$$

Considerando-se uma barra de PVC rígido, seção transversal retangular, fixa em ambas as extremidades, com as dimensões e propriedades.

Comprimento L = 1,5 m, base b = 15 mm, altura h = 25 mm, módulo de elasticidade E = 3,1GPa e densidade ρ = 1440 kg/m³.

A massa total da barra, $m_{total} = \rho AL = 0{,}81$ kg; massa de cada bloco, m = 0,162 kg.

A matriz de massa é uma matriz diagonal:

$$[M] = \begin{bmatrix} 0{,}162 & 0 & 0 & 0 & 0 \\ 0 & 0{,}162 & 0 & 0 & 0 \\ 0 & 0 & 0{,}162 & 0 & 0 \\ 0 & 0 & 0 & 0{,}162 & 0 \\ 0 & 0 & 0 & 0 & 0{,}162 \end{bmatrix}$$

A matriz de rigidez é uma matriz de banda, simétrica, encontrada como na modelagem de três graus de liberdade apresentada, agora modelada considerando-se cinco graus de liberdade.

$$k_1 = k_6 = 7{,}750.10^6 \text{ N/m}$$

$$k_2 = k_3 = k_4 = k_5 = 3{,}875.10^6 \text{ N/m}$$

$$k_1 + k_2 = k_5 + k_6 = 11{,}625.10^6 \text{ N/m}$$

$$k_2 + k_3 = k_3 + k_4 = k_4 + k_5 = 7{,}750.10^6 \text{ N/m}$$

$$[K] = 1.10^6 \begin{bmatrix} 11{,}625 & -3{,}875 & 0 & 0 & 0 \\ -3{,}875 & 7{,}750 & -3{,}875 & 0 & 0 \\ 0 & -3{,}875 & 7{,}750 & -3{,}875 & 0 \\ 0 & 0 & -3{,}875 & 7{,}750 & -3{,}875 \\ 0 & 0 & 0 & -3{,}875 & 11{,}625 \end{bmatrix}$$

$$[D] = [M]^{-1}[K]$$

Com a ajuda do *software* livre Scilab, encontramos os autovalores (λ) dispostos na Tabela 9.1 e os autovetores (X). Podemos comparar as frequências obtidas com a solução exata para um indicativo dos erros devido à discretização.

A expressão para a determinação de frequências pela solução exata de uma viga engastada nas extremidades a ser vista no Capítulo 10, Equação (10.16), é dada por

$$\omega n = n\pi\sqrt{\frac{EA}{\mu L^2}} = n\pi\sqrt{\frac{E}{\rho L^2}}.$$

μ = massa por unidade de comprimento;

ρ = densidade do material.

Tabela 9.1 – Comparação de frequências

Autovalores λ	$\omega n_{calculado}$	ωn_{exato}	Erro (%) $[(\omega_{cal} - \omega_{exat}) \cdot 100]/\omega_{exat}$
9136474	3022,66	3072,96	–1,63
33056074	5749,09	6145,91	–6,45
62622326	7913,42	9218,86	–14,16
86541926	9302,79	12291,8	–24,32
95678400	9781,53	15364,7	–36,34

A matriz modal, cada modo disposto em coluna.

$$\begin{Bmatrix} 0{,}19544 & -0{,}37174 & -0{,}51166 & -0{,}60150 & 0{,}44721 \\ 0{,}51166 & -0{,}60150 & -0{,}19544 & 0{,}37174 & -0{,}44721 \\ 0{,}63245 & 0 & 0{,}63245 & 0 & 0{,}44721 \\ 0{,}51166 & 0{,}60150 & -0{,}19544 & -0{,}37174 & -0{,}44721 \\ 0{,}19544 & 0{,}37174 & -0{,}51166 & 0{,}60150 & 0{,}44721 \end{Bmatrix}$$

9.2 COEFICIENTES DE INFLUÊNCIA DE FLEXIBILIDADE

Os coeficientes de influência de flexibilidade estão relacionados com os deslocamentos em uma posição i, yi, de uma viga elástica, devido a uma força aplicada em j. Considere uma viga submetida a uma carga P_1, aplicada em 1; a viga se deforma:

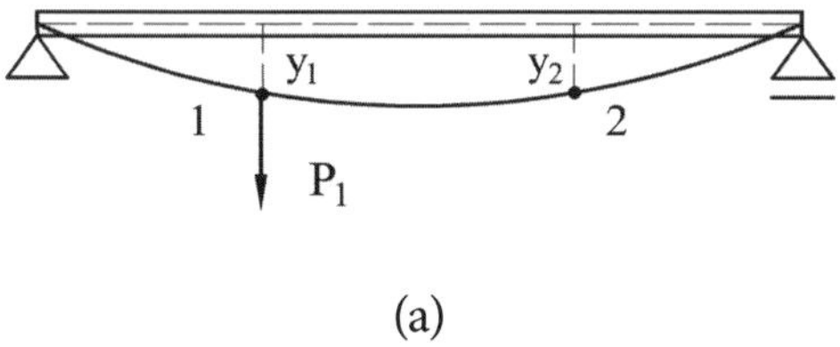

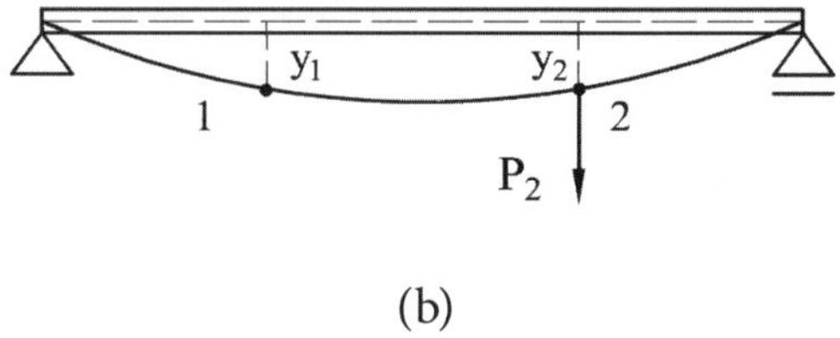

Figura 9.5 – Flechas na viga.

Em função da carga P_1 aplicada em 1 e chamando as flechas nos pontos 1 e 2 de y_{11} e y_{12}, podemos escrever da Figura 9.5(a).

$$y_{11} = \alpha_{11}P_1 \text{ e } y_{12} = \alpha_{12}P_1$$

As constantes α são chamadas coeficientes de influência.

Considerando a carga P_2 aplicada em 2, igura 9.5(b), e chamando as flechas nos pontos 1 e 2 de y_{21} e y_{22}, teremos

$$y_{21} = \alpha_{21}P_2 \text{ e } y_{22} = \alpha_{22}P_2.$$

A matriz dos coeficientes de influência de flexibilidade,

$$[\alpha] = \begin{bmatrix} \alpha_{11} & \alpha_{12} \\ \alpha_{21} & \alpha_{22} \end{bmatrix}$$

Os coeficientes de influência são determinados em função da deformação obtida pela flexibilidade da viga. O inverso da flexibilidade é a rigidez; portanto, a matriz de rigidez da viga é encontrada pela inversa da matriz dos coeficientes de flexibilidade.

$$[k] = [\alpha]^{-1}$$

Viga bi-apoiada

Queremos determinar a matriz dos coeficientes de influência de uma viga bi-apoiada nas extremidades e submetida a flexão, considerando-a discretizada em três pontos. Para cada ponto, consideramos uma carga unitária aplicada P e determinamos as flechas no ponto de aplicação e pontos subsequentes.

A equação da linha elástica define as flechas ao longo da viga e, para a condição de bi-apoiada, é dada por

$$y = \frac{Pb}{6EIL}[x^3 - (L^2 - b^2)x]$$

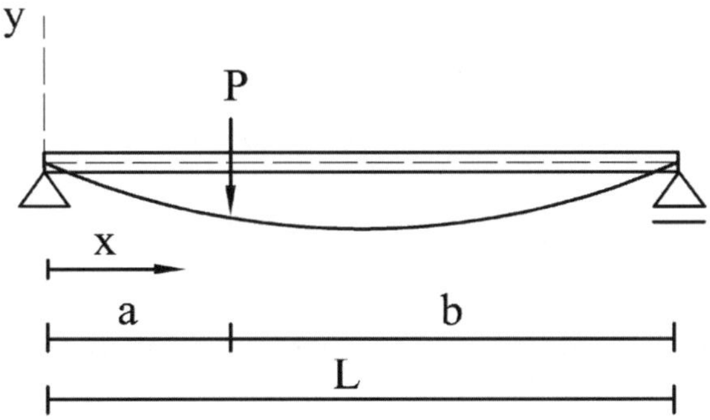

Figura 9.6 – Viga bi-apoiada em flexão transversal.

Para a carga unitária P aplicada em 1, os coeficientes de influência referentes aos pontos 1, 2 e 3 serão determinados por meio das distâncias a e b relacionadas aos pontos 1, 2 e 3. A distância a é a variação de x ao longo da viga.

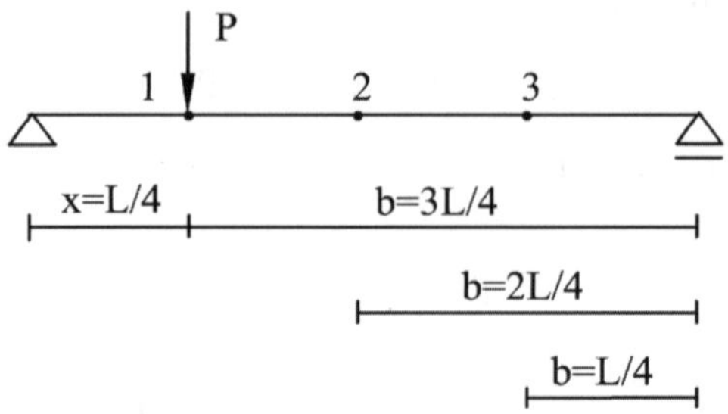

Figura 9.7 – Distâncias x e b referentes aos pontos ao longo da viga.

Substituindo essas grandezas x e b na equação da linha elástica, encontramos os coeficientes de influência referentes aos pontos 1, 2 e 3. A igualdade às grandezas α em linhas e colunas dá-se pela simetria.

Carga P aplicada em 1, a distância em relação ao apoio esquerdo, x = L/4:

$$b = 3L/4,\ \alpha_{11} = \alpha_{33} = \frac{18L^3}{1536EI}$$

$$b = 2L/4,\ \alpha_{12} = \alpha_{21} = \frac{22L^3}{1536EI}$$

$$b = L/4,\ \alpha_{13} = \alpha_{31} = \frac{14L^3}{1536EI}$$

Carga P aplicada em 2, sua distância em relação ao apoio esquerdo, x = 2L/4:

$$b = 2L/4,\ \alpha_{22} = \frac{32L^3}{1536EI}$$

$$b = L/4,\ \alpha_{23} = \alpha_{32} = \frac{22L^3}{1536EI}$$

Carga P aplicada em 3, sua distância em relação ao apoio esquerdo, x = 3L/4:

$$b = L/4,\ \alpha_{33} = \alpha_{11} = \frac{18L^3}{1536EI}$$

A matriz dos coeficientes de influência fica:

$$[\alpha] = \begin{bmatrix} \alpha_{11} & \alpha_{12} & \alpha_{13} \\ \alpha_{21} & \alpha_{22} & \alpha_{23} \\ \alpha_{31} & \alpha_{32} & \alpha_{33} \end{bmatrix} = \frac{L^3}{1536EI} \begin{bmatrix} 18 & 22 & 14 \\ 22 & 32 & 22 \\ 14 & 22 & 18 \end{bmatrix}$$

A matriz de rigidez:

$$[K] = \frac{1536EI}{L^3}[\alpha]^{-1}$$

Exemplo 9.3

Na barra com massa desconsiderada, bi-apoiada e de comprimento L = 1,5 m, estão localizados 3 pontos de massa equidistantes $m_1 = m_2 = m_3 = 1{,}08$ kg, e rigidez flexional EI = 347,75 Nm^2. Queremos determinar as frequências naturais e os modos de vibração.

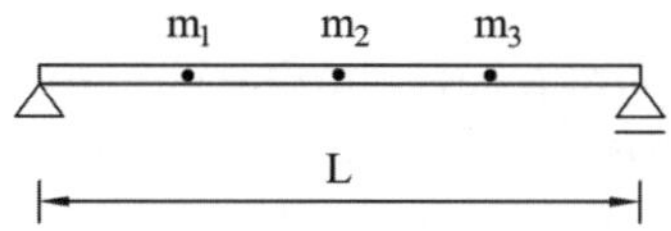

Figura 9.8 – Barra bi-apoiada com massas concentradas.

$$\text{A matriz de massa } [M] = \begin{bmatrix} m_1 & 0 & 0 \\ 0 & m_2 & 0 \\ 0 & 0 & m_3 \end{bmatrix} = \begin{bmatrix} 1{,}08 & 0 & 0 \\ 0 & 1{,}08 & 0 \\ 0 & 0 & 1{,}08 \end{bmatrix}$$

$$\text{A matriz de rigidez } [K] = \begin{bmatrix} 65192{,}74 & -62358{,}27 & 25510{,}40 \\ -62358{,}27 & 90702{,}95 & -62358{,}27 \\ 25510{,}20 & -62358{,}27 & 65192{,}74 \end{bmatrix}$$

$$[D] = [M]^{-1}[K],\ [D - \lambda]\{X\} = 0$$

As frequências naturais $\omega n_1 = 48{,}25$ rad/s; $\omega n_2 = 191{,}68$ rad/s; $\omega n_3 = 406{,}98$ rad/s

A matriz modal =

$$\begin{Bmatrix} 0{,}7071 & 1{,}0 & -0{,}7071 \\ 1{,}0 & 0 & 1{,}0 \\ 0{,}7071 & -1{,}0 & -0{,}7071 \end{Bmatrix}$$

Barra engastada-livre

Para a barra livre e engastada nas extremidades submetidas a flexão, o procedimento de análise para a construção da matriz de flexibilidade é o mesmo visto para a viga bi-apoiada. Queremos encontrar a matriz dos coeficientes de influência, considerando a barra discretizada em três pontos equidistantes.

A equação da linha elástica é dada por:

$$y = \frac{P}{6EI}[x^3 - 3Lx^2]$$

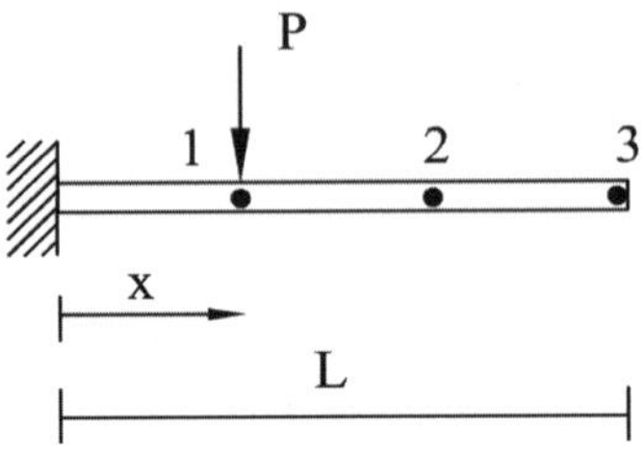

Figura 9.9 – Barra engastada-livre com massas concentradas

Repetindo-se o conceito, para a carga unitária P aplicada em 1, os coeficientes de influência referentes aos pontos 1, 2 e 3 são determinados por meio da distância x do engastamento, relacionada aos pontos 1, 2 e 3.

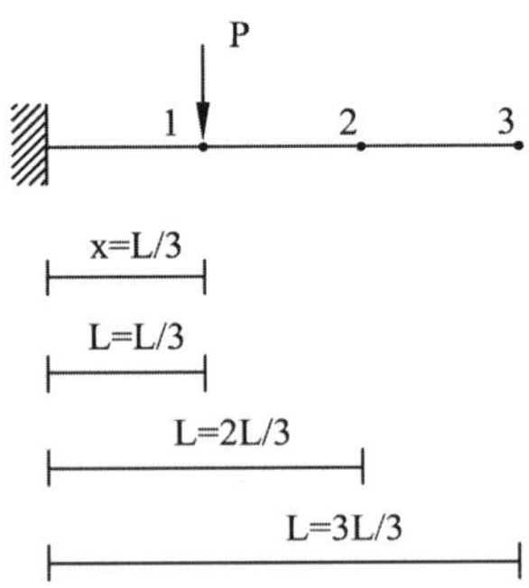

Figura 9.10 – Distâncias x e L referentes ao engastamento.

Carga P aplicada em 1, x = L/3:

$$L = L/3,\ \alpha_{11} = \frac{2L^3}{162EI}$$

$$L = 2L/3,\ \alpha_{12} = \alpha_{21} = \frac{5L^3}{162EI}$$

$$L = 3L/3,\ \alpha_{13} = \alpha_{31} = \frac{8L^3}{162EI}$$

Carga P aplicada em 2, x = 2L/3:

$$L = 2L/3,\ \alpha_{22} = \frac{16L^3}{162EI}$$

$$L = 3L/3,\ \alpha_{23} = \alpha_{32} = \frac{28L^3}{162EI}$$

Carga P aplicada em 3, x = 3L/3:

$$L = 3L/3,\ \alpha_{33} = \frac{54L^3}{162EI}$$

A matriz dos coeficientes de influência:

$$[\alpha] = \frac{L^3}{162EI}\begin{bmatrix} 2 & 5 & 8 \\ 5 & 16 & 28 \\ 8 & 28 & 54 \end{bmatrix}$$

CAPÍTULO 10
SISTEMAS CONTÍNUOS

10.1 VIBRAÇÃO AXIAL EM BARRAS

Considere uma barra homogênea e isotrópica, área de seção transversal uniforme A, de comprimento L e com extremidades livres, sob a ação de uma carga axial P deslocando uma seção dx.

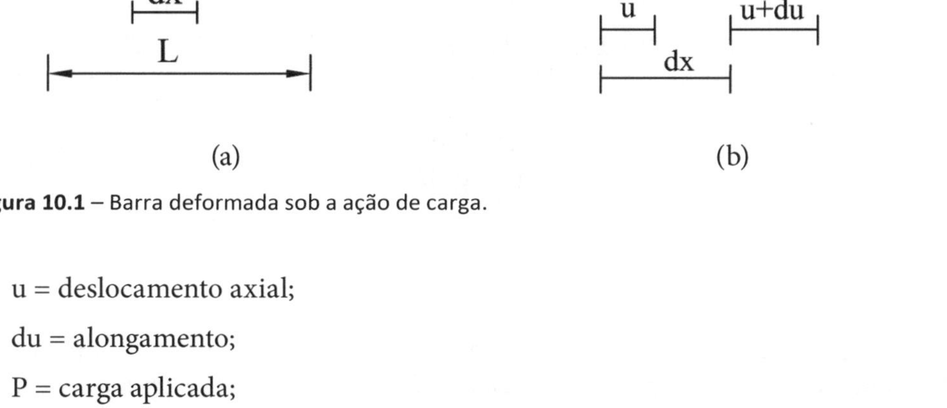

Figura 10.1 – Barra deformada sob a ação de carga.

u = deslocamento axial;

du = alongamento;

P = carga aplicada;

dP = incremento de carga.

$$P + dP = P + \frac{\partial P}{\partial x} dx \tag{10.1}$$

Pela lei de Hooke, $\sigma = \frac{P}{A}$; $P = \sigma.A$.

$\sigma = E\varepsilon$, E = módulo de elasticidade, ε = deformação específica, que representa a deformação apresentada em relação ao comprimento inicial dx.

$$\varepsilon = \frac{\partial u}{\partial x} = \text{deformação axial}$$

$$P = EA \frac{\partial u}{\partial x} \ (F = kx)$$

$$EA = \text{rigidez axial}, \frac{\partial P}{\partial x} = EA \frac{\partial^2 u}{\partial x^2} \tag{10.2}$$

A carga atuante P age devido à variação de tensão na barra e considerando-se a somatória de forças atuantes igual ao produto da massa pela aceleração, sendo a massa $m = \rho A dx$, e a aceleração sendo dada pela 2ª derivada da taxa de variação da deformação no tempo, $\frac{\partial^2 u}{\partial t^2}$.

Pela segunda lei de Newton, das Equações (10.1) e (10.2), escrevemos

$$P + dP - P = ma$$

$$P + \frac{\partial P}{\partial x} dx - P = \rho A \frac{\partial^2 u}{\partial t^2} dx$$

$$P + EA \frac{\partial^2 u}{\partial x^2} dx - P = \rho A \frac{\partial^2 u}{\partial t^2} dx$$

$$\frac{\partial^2 u}{\partial t^2} = \frac{E}{\rho} \frac{\partial^2 u}{\partial x^2} \tag{10.3}$$

$$\frac{\partial^2 u}{\partial t^2} = c^2 \frac{\partial^2 u}{\partial x^2} \tag{10.4}$$

A Equação (10.4) é chamada equação de onda para a corda vibrante, e o termo c representa a velocidade de propagação da onda; para uma barra, expressa a variação da tensão ao longo da barra representada pelos modos de vibrar. A Equação (10.4) pode ser escrita:

$$\frac{\partial^2 u}{\partial t^2} = \frac{1}{c^2}\frac{\partial^2 u}{\partial x^2} \qquad (10.5)$$

As Expressões (10.4) e (10.5) estão em função de duas variáveis, x e t, em que t é o tempo e x é a variável de espaço. A solução da Equação diferencial (10.5) pode ser tomada pelo método da separação de variáveis, adotando-se u(x,t) como o produto das duas funções:

$$u(x,t) = \phi(x)q(t), \qquad (10.6)$$

em que:

$\phi(x)$ = função dependente do espaço;

$q(t)$ = função dependente do tempo.

Derivando-se a Equação (10.6) em relação a x e a t,

$$\frac{\partial^2 u}{\partial x^2} = \phi''(x)q(t) \text{ sendo } \phi''(x) = \frac{\partial^2 \phi}{\partial x^2}$$

$$\frac{\partial^2 u}{\partial t^2} = \phi(x)(t) \text{ sendo } (t) = \frac{\partial^2 q}{\partial t^2} \qquad (10.7)$$

A simbologia (¨) representa a segunda derivada em relação ao tempo e (”), a segunda derivada em relação à coordenada espacial x.

Substituindo-se (10.7) em (10.4),

$$\phi(x)\ddot{q}(t) = c^2\phi''(x)q(t)$$

$$\phi\ddot{q} = c^2\phi''q \qquad (10.8)$$

$$c^2\frac{\phi''}{\phi} = \frac{\ddot{q}}{q} = -\omega n^2 \qquad (10.9)$$

A frequência natural ao quadrado tomada negativa descreve o movimento vibratório não amortecido do sistema, como já visto no Capítulo 1.

A Expressão (10.9) pode ser escrita em função de ϕ e de q:

$$\phi'' + \left(\frac{\omega n}{c}\right)^2\phi = 0 \qquad (10.10)$$

$$\ddot{q} + \omega n^2 q = 0 \qquad (10.11)$$

A solução das Equações (10.10) e (10.11) é dada por

$$\phi(x) = A\text{sen}\left(\frac{\omega n}{c}\right)x + B\cos\left(\frac{\omega n}{c}\right)x \tag{10.12}$$

$$q(t) = C\text{sen}\omega nt + D\cos\omega nt \tag{10.13}$$

Inserindo as Expressões (10.12) e (10.13) em (10.6), obtemos a expressão do deslocamento axial ou longitudinal

$$u(x,t) = (A\text{sen}\left(\frac{\omega n}{c}\right)x + B\cos\left(\frac{\omega n}{c}\right)x)(C\text{sen}\omega nt + D\cos\omega nt) \tag{10.14}$$

As constantes A, B, C e D são determinadas pelas condições de contorno da barra e pelas condições iniciais.

Quando a barra for livre nas extremidades,

$$\text{para } x = 0,\ u(0,t),\ B = 0;$$

$$\text{para } x = L,\ u(L,t),\ \text{sen}\left(\frac{\omega n}{c}\right)L = 0. \tag{10.15}$$

A constante A não se anula, pois, senão, a Expressão (10.14) resultaria em zero para qualquer x e t. Se a expressão de resposta for zero, não haverá vibração.

A Expressão (10.14) resulta em

$$x(L,t) = B(C\text{sen}\omega nt + D\cos\omega nt) = 0.$$

A Solução (10.15), sen $\left(\frac{\omega n}{c}\right)L = 0$, tem como solução $\left(\frac{\omega n}{c}\right)L = n\pi$ tal que os n são números inteiros múltiplos de π, para os quais o seno seja igual a zero.

Os números expressos por n definem as frequências naturais e, por consequência, os modos de vibrar do sistema. Podemos escrever:

$$\omega n = \frac{n\pi}{L}c,\ \text{dado que } c^2 = \frac{E}{\rho},\ c = \sqrt{\frac{E}{\rho}};\ \text{então,}$$

$$\omega n = \frac{n\pi}{L}\sqrt{\frac{E}{\rho}}. \tag{10.16}$$

A Expressão (10.16) é a expressão das frequências naturais de vibração axial de uma barra. A Expressão (10.16) pode ser escrita como

$$\omega n = \frac{n\pi}{L}\sqrt{\frac{EA}{\mu}},\ \text{sendo } \mu = \text{massa por unidade de comprimento},\ \mu = \frac{m}{L}.$$

10.2 VIBRAÇÃO TRANSVERSAL EM VIGAS

Considere uma viga homogênea e isotrópica, com massa uniformemente distribuída e sob a ação de uma carga f. Para um trecho da viga, podemos representar os esforços solicitantes.

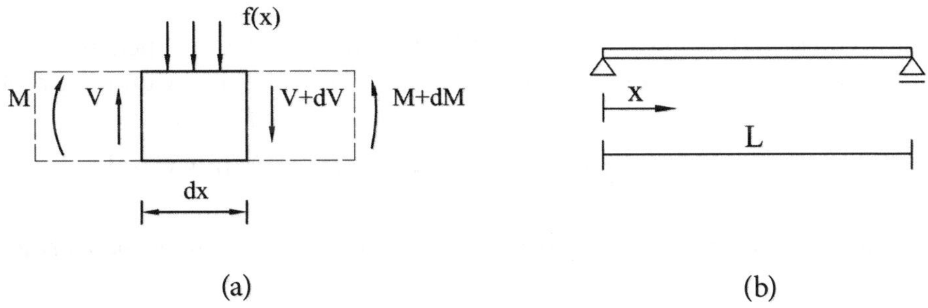

Figura 10.2 – Elemento de uma viga em flexão.

f(x) = carga distribuída no segmento dx;

V = força cortante;

M = momento fletor.

$$dV = -\ f(x)dx;\ \frac{dV}{dx} = -\ f(x) \tag{10.17}$$

$$dM = Vdx;\ \frac{dM}{dx} = V \tag{10.18}$$

A equação diferencial linear de segunda ordem que governa a linha elástica é dada por

$$\frac{d^2y}{dx^2} = -\ \frac{M}{EI};\ \text{portanto},\ M = -\ EI\,\frac{d^2y}{dx^2} \tag{10.19}$$

EI = rigidez flexional.

Derivando-se a Expressão (10.18) em relação a x e igualando-a com a Expressão (10.17),

$$\frac{d^2y}{dx^2} = \frac{dV}{dx} = -f(x).$$

A Expressão (10.19) pode ser reescrita como:

$$M = -\ EI\,\frac{d^2y}{dx^2};\ \frac{dM}{dx} = V = -\ EI\,\frac{d^3y}{dx^3};$$

$$\frac{d^2M}{dx^2} = \frac{dV}{dx} = - EI\,\frac{d^4y}{dx^4} = - f(x)$$

$$EI\,\frac{d^4y}{dx^4} = f(x) \tag{10.20}$$

f(x) representa a carga de inércia distribuída na barra, causada pelo movimento vibratório que é o produto entre a massa e a aceleração. Seu sentido é oposto à aceleração.

$$f(x) = - \mu\,\frac{\partial^2 y}{\partial t^2},\ (y,t),\ \text{sendo y o deslocamento transversal.}$$

Com a barra vibrando harmonicamente em sua frequência natural, o termo de aceleração é igual a $\mu\,\frac{\partial^2 y}{\partial t^2} = - \omega n^2 y$; portanto, a Expressão (10.20) pode ser reescrita como:

$$EI\,\frac{\partial^4 y}{\partial t^4} = - \mu\,\frac{\partial^2 y}{\partial t^2}\ \text{ou}\ EI\,\frac{\partial^4 y}{\partial t^4} + \mu\,\frac{\partial^2 y}{\partial t^2} = 0 \tag{10.21}$$

$$EI\,\frac{\partial^4 y}{\partial t^4} - \mu\omega n^2 y = 0. \tag{10.22}$$

A solução da Expressão (10.22) pode ser escrita como:

$$y = Ce^{sx},\ \text{sendo C uma constante;}$$

$$\frac{d^4y}{dx^4} = s^4Ce^{sx},\ \text{inserindo em (10.22);}$$

$$s^4Ce^{sx}EI - \mu\omega n^2Ce^{sx} = 0,\ \text{cancelando-se}\ Ce^{ex}.$$

$$s^4 - \frac{\mu}{EI}\,\omega n^2 = 0 \tag{10.23}$$

O termo de raiz s está elevado à 4ª potência; para 4 raízes, teremos

$$s_1 = q;\ s_2 = -q;\ s_3 = iq;\ s_4 = -iq.$$

A solução geral para o deslocamento:

$$y = C_1e^{qx} + C_2e^{-qx} + C_3e^{iqx} + C_4e^{-iqx}. \tag{10.24}$$

Lembrando que $e^{\pm i\theta} = \cos\theta \pm i\text{sen}\theta$; $e^{\pm\theta} = \cosh\theta \pm \text{senh}\theta$

$$e^{qx} = \cosh qx + \text{senh}\,qx$$

$$e^{-qx} = \cosh qx - \operatorname{senh} qx$$

$$e^{iqx} = \cos qx + i\operatorname{sen} qx$$

$$e^{-iqx} = \cos qx - i\operatorname{sen} qx$$

Inserindo-se esses termos em (10.24),

$$y = C_1(\cosh qx + \operatorname{senh} qx) + C_2(\cosh qx - \operatorname{senh} qx) + C_3(\cos qx + i\operatorname{sen} qx) +$$

$$+ C_4(\cos qx - i\operatorname{sen} qx)$$

$$(C_1 - C_2)\operatorname{senh} qx = B_1 \operatorname{senh} qx$$

$$(C_1 + C_2)\cosh qx = B_2 \cosh qx$$

$$(iC_3 - iC_4)\operatorname{sen} qx = B_3 \operatorname{sen} qx$$

$$(C_3 + C_4)\cos qx = B_4 \cos qx$$

Reescrevendo,

$$y = B_1 \operatorname{senh} qx + B_2 \cosh qx + B_3 \operatorname{sen} qx + B_4 \cos qx. \quad (10.25)$$

Para a barra ou viga bi-apoiada, as condições de contorno representadas nos apoios indicam que a deflexão $y = 0$ e o momento M ou $\frac{d^2y}{dx^2} = 0$ quando $x = 0$ e $y = L$.

Para $x = 0$, a Expressão (10.25) fica:

$$y = 0 = B_2 + B_4.$$

Para o momento fletor, derivamos duas vezes em relação ao termo x a Expressão (10.25).

Lembrando que:

$$\frac{d}{dx}\operatorname{senh} u = \cosh u \frac{du}{dx}; \qquad \frac{d}{dx}\cosh u = \operatorname{senh} u \frac{du}{dx}$$

$$\frac{d^2y}{dx^2} = B_1 q^2 \operatorname{senh} qx + B_2 q^2 \cosh qx - B_3 q^2 \operatorname{sen} qx - B_4 q^2 \cos qx.$$

O momento nas extremidades é igual a zero:

Para x(0) ou x(L), $\frac{d^2y}{dx^2} = M = 0$

$$0 = B_2 q^2 - B_4 q^2, \text{ sendo, portanto, que } B_2 - B_4 = 0.$$

A Expressão (10.25) fica

$$y = B_1 \text{senh} qx + B_3 \text{sen} qx. \tag{10.26}$$

Para x = L, y = 0,

$$0 = B_1 \text{senh} qx + B_3 \text{sen} qx. \tag{10.27}$$

Tomando-se o momento igual a zero,

$$\frac{d^2y}{dx^2} = 0 = B_1 q^2 \text{senh} qx - B_3 q^2 \text{sen} qx.$$

$$\text{Fazendo-se } x = L,\ B_1 \text{senh} qL = B_3 \text{sen} qL \tag{10.28}$$

Para se satisfazer a Expressão (10.27), escrevemos

$$B_1 \text{senh} qx = 0 \text{ e } B_3 \text{sen} qx = 0$$

Para qualquer valor de qL, senqL = 0, devido aos múltiplos de π. Se senhqL for diferente de zero, então, $B_1 = 0$.

Os valores de qL são inteiros e múltiplos de π, e a grandeza $q = \frac{n\pi}{L}$. Como já comentado, n é um número inteiro definindo as frequências naturais nos respectivos modos de vibrar.

Da Equação (10.23),

$$s^4 = \frac{\mu\omega n^2}{EI};\ q^4 = \frac{\mu\omega n^2}{EI};\ q = \sqrt[4]{\frac{\mu\omega n^2}{EI}};\ \frac{n\pi}{L} = \sqrt[4]{\frac{\mu\omega n^2}{EI}};\ \left(\frac{n\pi}{L}\right)^2 = \sqrt{\frac{\mu\omega n^2}{EI}}.$$

A expressão de frequência natural em rad/s para a viga em vibração transversal,

$$\omega n = \frac{n^2\pi^2}{L^2}\sqrt{\frac{EI}{\mu}}.$$

A frequência em cps,

$$f = \frac{n^2\pi}{L^2}\sqrt{\frac{EI}{\mu L^4}} = K\sqrt{\frac{EI}{\mu L^4}}. \tag{10.29}$$

Há uma variedade de condições de contorno, isto é, das condições de suporte ou não de uma viga nas suas extremidades. O Quadro (10.1) apresenta os valores da constante K em algumas dessas condições para a determinação das frequências naturais, utilizando a Equação (10.29).

Quadro 10.1 – Valores da constante K na determinação de frequências

Tipos de viga	1ª freq.	2ª freq.	3ª freq.	4ª freq.	5ª freq.
Livre-engastada	K = 0,56	K = 3,51	K = 9,82	K = 19,24	K = 31,81
Bi-apoiada	K = 1,57	K = 6,28	K = 14,14	K = 25,13	K = 39,27
Bi-engastada	K = 3,56	K = 9,82	K = 19,24	K = 31,81	K = 47,52
Extremidades livres	K = 3,56	K = 9,82	K = 19,24	K = 31,81	K = 47,52
Engastada-articulada	K = 2,45	K = 7,95	K = 16 59	K = 28,37	K = 43,30
Articulada-livre	K = 2,45	K = 7,95	K = 16,59	K = 28,37	K = 43,30

Fonte: Church (1963, p. 379).

CAPÍTULO 11
MÉTODO DE ELEMENTOS FINITOS

11.1 INTRODUÇÃO

O conceito básico do método de elementos finitos (MEF) consiste em subdividir um sistema contínuo em subsistemas ou sistemas discretos, chamados elementos finitos. Há várias aplicações do método, e nosso interesse reside no estudo de vibrações em sistemas de uma dimensão, na vibração transversal de uma viga e axial de uma barra.

Na aplicação do método, um sistema contínuo é modelado em vários elementos finitos, e são determinadas as propriedades de massa e rigidez de um elemento considerando-se suas condições de contorno, quais sejam, suas extremidades, por meio de funções, tornando, então, possível construir as matrizes de massa e rigidez de um elemento. Essas matrizes serão acopladas, constituindo as matrizes globais do sistema, adaptando-as às condições de contorno entre si e entre as extremidades.

O procedimento para a determinação das frequências naturais de vibração e dos modos de vibrar está na solução do problema de autovalores e autovetores, como já visto. As extremidades ou interfaces de cada elemento são consideradas nós, os quais configuram o comportamento do elemento finito, e os elementos interligados configuram o sistema.

Em um elemento de viga, há quatro graus de liberdade, representados em duas coordenadas de translação nas extremidades, chamadas deslocamentos nodais; e duas coordenadas que representam a inclinação caracterizada pela tangente à linha deformada e à linha neutra. Uma barra em deslocamento axial possui dois graus de liberdade representados pelos deslocamentos em cada nó nas extremidades, pois não há inclinação.

11.2 VIGA EM VIBRAÇÃO TRANSVERSAL

Considere uma viga homogênea e isotrópica com massa m, comprimento L, rigidez EI constante.

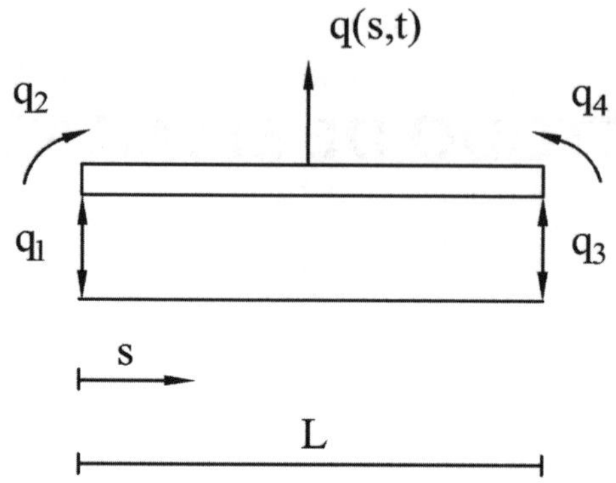

Figura 11.1 – Viga em vibração transversal.

q_1, q_3 deslocamentos transversais nodais;

q_2, q_4 deslocamentos angulares nodais.

A equação para o deslocamento estático de uma viga, já vista no Capítulo 10, Equação (10.20), é dada por $\frac{\partial^4 q(s)}{\partial s^4} = 0$, ignorando-se o termo de inércia. Integrando quatro vezes, encontramos o polinômio que descreve os deslocamentos nas condições de contorno.

$$\frac{\partial q(s)}{\partial s} = (s)ds = C_4$$

$$\frac{\partial^2 q(s)}{\partial s^2} = (s)ds = C_3 s + C_4$$

$$\frac{\partial^3 q(s)}{\partial s^3} = (s)ds = \frac{1}{2} C_2 s^2 + C_3 s + C_4$$

$$\frac{\partial^4 q(s)}{\partial s^4} = (s)ds = \frac{1}{6} C_1 s^3 + \frac{1}{2} C_2 s^2 + C_3 s + C_4$$

As constantes $C_{(s)}$ representam as condições de contorno para s, variando entre zero e L.

A equação do deslocamento,

$$q(s) = \frac{1}{6} C_1 s^3 + \frac{1}{2} C_2 s^2 + C_3 s + C_4 \tag{11.1}$$

$$\text{Para } s = 0,\ q(s) = q(0) = C_4 = q_1 \tag{a}$$

$$\frac{\partial q(s)}{\partial s}\Big|_{s=0} = \frac{1}{2} C_1 s^2 + C_2 s + C_3\ ,\ C_3 = q_2 \tag{b}$$

$$\text{Para } s = L,\ q(L) = \frac{1}{6} C_1 L^3 + \frac{1}{2} C_2 L^2 + C_3 L + C_4 = q_3 \tag{c}$$

$$\frac{\partial q(s)}{\partial s}\Big|_{s=L} = \frac{1}{2} C_1 L^2 + C_2 L + C_3 = q_4 \tag{d}$$

Da expressão (c),

$$C_1 = \frac{6}{L^3}\left(-\frac{1}{2} C_2 L^2 - C_3 L - C_4 + q_3\right) = -3\frac{c_2}{L} - 6\frac{c_3}{L^2} - 6\frac{c_4}{L^3} + 6\frac{q_3}{L^3}$$

$$C_1 = -3\frac{c_2}{L} - 6\frac{q_2}{L^2} - 6\frac{q_1}{L^2} + 6\frac{q_3}{L^3}. \tag{e}$$

Da expressão (d),

$$C_2 - \frac{1}{2} C_1 L - \frac{q_2}{L} + \frac{q_4}{L}. \tag{f}$$

Inserindo (f) em (e),

$$C_1 = 1{,}5\, C_1 + 3\frac{q_2}{L^2} - 3\frac{q_4}{L^2} - 6\frac{q_2}{L^2} - 6\frac{q_1}{L^3} + 6\frac{q_3}{L^3}$$

$$C_1 = 12\frac{q_1}{L^3} + 6\frac{q_2}{L^2} - 12\frac{q_3}{L^3} + 6\frac{q_4}{L^2} = \frac{6}{L^3}(2q_1 + q_2 L - 12 q_3 + 6 q_4 L). \tag{g}$$

Para determinarmos C_2, inserindo (g) em (f),

$$C_2 = -6\frac{q_1}{L^2} - 4\frac{q_2}{L} + 6\frac{q_3}{L^2} - 2\frac{q_4}{L}. \tag{h}$$

Inserindo C_1, C_2, C_3 e C_4 em (11.1) e rearranjando os termos comuns, escrevemos a equação do deslocamento pelas funções de interpolação ψ,

$$q(s) = \psi_1 q_1 + \psi_2 q_2 + \psi_3 q_3 + \psi_4 q_4. \tag{11.2}$$

A Expressão (11.2) representa a Expressão (11.1), escrita em função de ψ

As funções de interpolação ψ, também chamadas de hermitianas cúbicas ou funções de forma, representam sucessivamente: ψ_1 o deslocamento nodal de translação; ψ_2, o deslocamento angular nodal – ambos do lado esquerdo do elemento finito –; ψ_3, o deslocamento nodal de translação; e ψ_4, o deslocamento angular nodal – ambos do lado direito do elemento.

Inserindo as Expressões (a), (b), (g) e (h) em (11.1), escrevemos as funções de interpolação em função do termo variacional s, associadas aos deslocamentos nodais q(s).

$$\psi_1 = [1 - 3\left(\frac{s}{L}\right)^2 + 2\left(\frac{s}{L}\right)^3]q_1$$

$$\psi_2 = \left[s - 2\frac{s^2}{L} + \frac{s^3}{L^2}\right]q_2$$

$$\psi_3 = \left[3\left(\frac{s}{L}\right)^2 - 2\left(\frac{s}{L}\right)^3\right]q_3$$

$$\psi_4 = \left[-\frac{s^2}{L} + \frac{s^3}{L^2}\right]q_4$$

$$[\psi] = [\psi_1\ \psi_2\ \psi_3\ \psi_4]$$

A energia cinética para o elemento é dada por

$$T(t) = \frac{1}{2}\int_0^L (s)\left[\frac{\partial q(s,t)}{\partial t}\right]^2 ds = \frac{1}{2}\ \{\dot{q}(t)^T[m]\{\dot{q}(t)\},$$

em que $m = \int_0^L m(s)\{\psi\}\{\psi\}^T ds$.

A matriz translacional de massa será de ordem 4x4, simétrica, e os termos da matriz são encontrados fazendo-se

$$m_{11} = m\int_0^L\{\psi_1\}\{\psi_1\}ds = m\int_0^L\left[1 - 6\frac{s^2}{L^2} + 4\frac{s^3}{L^3} + 9\frac{s^4}{L^4} - 12\frac{s^5}{L^5} + 4\frac{s^6}{L^6}\right]ds = 0{,}3714mL$$

$$m_{12} = m_{21} = m\int_0^L\{\psi_1\}\{\psi_2\}ds = m\int_0^L\left[s - 2\frac{s^2}{L} - 2\frac{s^3}{L^2} + 8\frac{s^4}{L^3} - 7\frac{s^5}{L^4} + 2\frac{s^6}{L^5}\right]ds = 0{,}0523mL^2$$

$$m_{13} = m_{31} = m\int_0^L \{\psi_1\}\{\psi_3\}ds = m\int_0^L\left[3\frac{s^2}{L^2} - 2\frac{s^3}{L^3} - 9\frac{s^4}{L^4} + 12\frac{s^5}{L^5} - 4\frac{s^6}{L^6}\right]ds = 0{,}1285mL$$

$$m_{14} = m_{41} = m\int_0^L \{\psi_1\}\{\psi_4\}ds = m\int_0^L\left[-\frac{s^2}{L} + \frac{s^3}{L^2} + 3\frac{s^4}{L^3} - 5\frac{s^5}{L^4} + 2\frac{s^6}{L^5}\right]ds = -0{,}03095mL^2$$

$$m_{22} = m\int_0^L \{\psi_2\}\{\psi_2\}ds = m\int_0^L\left[s^2 - \frac{s^3}{L} + 6\frac{s^4}{L^2} - 4\frac{s^5}{L^3} + \frac{s^6}{L^4}\right]ds = 0{,}009523mL^3$$

$$m_{23} = m_{32} = m\int_0^L \{\psi_2\}\{\psi_3\}ds = m\int_0^L\left[3\frac{s^3}{L^2} - 8\frac{s^4}{L^3} + 7\frac{s^5}{L^4} - 2\frac{s^6}{L^5}\right]ds = 0{,}03095mL^2$$

$$m_{24} = m_{42} = m\int_0^L \{\psi_2\}\{\psi_4\}ds = m\int_0^L\left[-\frac{s^3}{L} + 3\frac{s^4}{L^2} - 3\frac{s^5}{L^3} + \frac{s^6}{L^4}\right]ds = -0{,}00714mL^3$$

$$m_{33} = m\int_0^L \{\psi_3\}\{\psi_3\}ds = m\int_0^L\left[9\frac{s^4}{L^4} - 12\frac{s^5}{L^5} + 4\frac{s^6}{L^6}\right]ds = 0{,}3714mL$$

$$m_{34} = m_{43} = m\int_0^L \{\psi_3\}\{\psi_4\}ds = m\int_0^L\left[-3\frac{s^4}{L^3} + 5\frac{s^5}{L^4} - 2\frac{s^6}{L^5}\right]ds = -0{,}05238mL^2$$

$$m_{44} = m\int_0^L \{\psi_4\}\{\psi_4\}ds = m\int_0^L\left[\frac{s^4}{L^2} - 2\frac{s^5}{L^3} + \frac{s^6}{L^4}\right]ds = 0{,}009523mL^3$$

A matriz de local de massa,

$$[M] = m\begin{bmatrix} 0{,}3714L & 0{,}0523L^2 & 0{,}1285L & -0{,}03095L^2 \\ 0{,}0523L^2 & 0{,}009523L^3 & 0{,}03095L^2 & -0{,}00714L^3 \\ 0{,}1285L & 0{,}03095L^2 & 0{,}3714L & -0{,}05238L^2 \\ -0{,}03095L^2 & -0{,}00714L^3 & -0{,}05238L^2 & -0{,}009523L^3 \end{bmatrix}$$

$$[M] = \frac{\rho AL}{420}\begin{bmatrix} 156 & 22L & 54 & -13L \\ 22L & 4L^2 & 13L & -3L^2 \\ 54 & 13L & 156 & -22L \\ -13L & -3L^2 & -22L & 4L^2 \end{bmatrix}$$

A energia potencial para o elemento,

$$V = \frac{1}{2}\int_0^L EI\left[\frac{\partial q(s,t)}{\partial t}\right]^2 = \frac{1}{2}\{q(s)\}^T[k]\{q(s)\}$$

$$k = \int_0^L EI\,\{\psi''\}\{\psi''\}^T ds = EI\int_0^L \{\psi''\}\{\psi''\}^T ds$$

$$\psi_1'' = -\frac{6}{L^2} + \frac{12s}{L^3} = \frac{2}{L^2}\left[-3 + \frac{6s}{L}\right]q_1$$

$$\psi_2'' = -\frac{4}{L} + \frac{6s}{L^2} = \frac{2}{L^2}\,[-2L + 3s]q_2$$

$$\psi_3'' = \frac{6}{L^2} - \frac{12s}{L^3} = \frac{2}{L^2}\left[3 - \frac{6s}{L}\right]q_3$$

$$\psi_4'' = -\frac{2}{L} + \frac{6s}{L^2} = \frac{2}{L^2}\,[-L + 3s]q_4$$

$$\{\psi''\} = \{\psi_1''\ \psi_2''\ \psi_3''\ \psi_4''\}$$

A matriz de rigidez será de ordem 4x4, simétrica.

$$k_{11} = \frac{4EI}{L^4}\int_0^L \{\psi_1''\}\{\psi_1''\} = \frac{4EI}{L^4}\int_0^L\left[9 - 32\frac{s}{L} + 36\frac{s^2}{L^2}\right]ds = 4\frac{EI}{L^4}(3L) = 12\frac{EI}{L^3}$$

$$k_{12} = k_{21} = \frac{4EI}{L^4}\int_0^L \{\psi_1''\}\{\psi_2''\} = \frac{4EI}{L^4}\int_0^L\left[6L - 21s + 18\frac{s^2}{L}\right]ds = 4\frac{EI}{L^4}(1{,}5L^2) = 6\frac{EI}{L^3}L$$

$$k_{13} = k_{31} = \frac{4EI}{L^4}\int_0^L \{\psi_1''\}\{\psi_3''\} = \frac{4EI}{L^4}\int_0^L\left[-9 + 32\frac{s}{L} - 36\frac{s^2}{L^2}\right]ds = 4\frac{EI}{L^4}(-3L) = -12\frac{EI}{L^3}$$

$$k_{14} = k_{41} = \frac{4EI}{L^4}\int_0^L \{\psi_1''\}\{\psi_4''\} = \frac{4EI}{L^4}\int_0^L\left[3L - 15s + 18\frac{s^2}{L}\right]ds = 4\frac{EI}{L^4}(1{,}5L^2) = 6\frac{EI}{L^3}L$$

$$k_{22} = \frac{4EI}{L^4}\int_0^L \{\psi_2''\}\{\psi_2''\} = \frac{4EI}{L^4}\int_0^L [4L^2 - 12sL + 9s^2]ds = 4\frac{EI}{L^4}(1L^3) = 4\frac{EI}{L^3}L^2$$

$$k_{23} = k_{32} = \frac{4EI}{L^4}\int_0^L \{\psi_2''\}\{\psi_3''\} = \frac{4EI}{L^4}\int_0^L\left[-6L + 12\frac{sL}{L} + 9s - 18\frac{s^2}{L}\right]ds = 4\frac{EI}{L^4}(-1{,}5L^2) = -6\frac{EI}{L^3}L$$

$$k_{24} = k_{42} = \frac{4EI}{L^4}\int_0^L \{\psi_2''\}\{\psi_4''\} = \frac{4EI}{L^4}\int_0^L [2L^2 - 9sL + 9s^2]ds = 4\frac{EI}{L^4}(0{,}5L^3) = 2\frac{EI}{L^3}L^2$$

$$k_{33} = \frac{4EI}{L^4}\int_0^L \{\psi_3''\}\{\psi_3''\} = \frac{4EI}{L^4}\int_0^L\left[9 - 32\frac{s}{L} + 36\frac{s^2}{L^2}\right]ds = 4\frac{EI}{L^4}(3L) = 12\frac{EI}{L^3}$$

$$k_{34} = k_{43} = \frac{4EI}{L^4}\int_0^L \{\psi_3''\}\{\psi_4''\} = \frac{4EI}{L^4}\int_0^L\left[-3L + 9s + 6\frac{sL}{L} - 18\frac{s^2}{L}\right]ds = 4\frac{EI}{L^4}(-1{,}5L^2) = -6\frac{EI}{L^3}L$$

$$k_{44} = \frac{4EI}{L^4}\int_0^L \{\psi_4''\}\{\psi_4''\} = \frac{4EI}{L^4}\int_0^L [L^2 - 6s + 9s^2]ds = 4\frac{EI}{L^4}(1L^3) = 4\frac{EI}{L^3}L^2$$

A matriz local de rigidez,

$$[K_G] = \frac{EI}{L^3}\begin{bmatrix} 12 & 6L & -12 & 6L \\ 6L & 4L^2 & -6L & 2L^2 \\ -12 & -6L & 12 & -6L \\ 6L & 2L^2 & -6L & 4L^2 \end{bmatrix}$$

A montagem das matrizes globais que representam a modelagem do sistema é obtida de acordo com o número de elementos considerados. Tomando como exemplo a modelagem de uma viga representada em 2 elementos finitos,

$$[M_G] = \Sigma_{i=1}^{2}\, [A]_i\, [M][A]_i\,;\ [M_G] = \text{matriz global de massa;}$$

$$[M_G] = [A_1]^T[M][A_1] + [A_2]^T[M][A_2].$$

$$[K_G] = \Sigma_{i=1}^{2}\, [A]_i\, [K][A]_i\,;\ [K_G] = \text{matriz global de rigidez;}$$

$$[K_G] = [A_1]^T[K][A_1] + [A_2]^T[K][A_2].$$

As matrizes [A] têm a forma

$$[A]_1 = \begin{bmatrix} 1 & 0 & 0 & 0 & 0 & 0 \\ 0 & 1 & 0 & 0 & 0 & 0 \\ 0 & 0 & 1 & 0 & 0 & 0 \\ 0 & 0 & 0 & 1 & 0 & 0 \end{bmatrix} \qquad [A]_2 = \begin{bmatrix} 0 & 0 & 1 & 0 & 0 & 0 \\ 0 & 0 & 0 & 1 & 0 & 0 \\ 0 & 0 & 0 & 0 & 1 & 0 \\ 0 & 0 & 0 & 0 & 0 & 1 \end{bmatrix}$$

A matriz global de massa associada às coordenadas,

$$[M_G] = \frac{\rho AL}{420}\begin{bmatrix} 156 & 22L & 54 & -13L & 0 & 0 \\ 22L & 4L^2 & 13L & -3L^2 & 0 & 0 \\ 54 & 13L & 312 & 0 & 54 & -13L \\ -13L & -3L^2 & 0 & 8L^2 & 13L & -3L^2 \\ 0 & 0 & 54 & 13L & 156 & -22L \\ 0 & 0 & -13L & -3L^2 & -22L & 4L^2 \end{bmatrix}\begin{bmatrix} q_1 \\ q_2 \\ q_3 \\ q_4 \\ q_5 \\ q_6 \end{bmatrix}$$

ρ = densidade do material [kg/m^3], A = área da seção transversal [m^2], *L* comprimento do elemento finito. *L* é a razão entre o comprimento da viga e o número considerado de elementos finitos.

A matriz global de rigidez associada às coordenadas,

$$[K_G] = \frac{EI}{L^3}\begin{bmatrix} 12L & 6L & -12 & 6L & 0 & 0 \\ 6L & 4L^2 & -6L & 2L^2 & 0 & 0 \\ -12 & -6L & 24 & 0 & -12 & 6L \\ 6L & 2L^2 & 0 & 8L^2 & -6L & 2L^2 \\ 0 & 0 & -12 & -6L & 12 & -6L \\ 0 & 0 & 6L & 2L^2 & -6L & 4L^2 \end{bmatrix}\begin{bmatrix} q_1 \\ q_2 \\ q_3 \\ q_4 \\ q_5 \\ q_6 \end{bmatrix}$$

E = módulo de elasticidade [N/m^2], I = momento de inércia de área [m^4].

Exemplo 11.1

Queremos determinar as frequências naturais de vibração transversal em uma viga engastada-livre de comprimento L = 1,2 m, modelada por dois elementos finitos, *L* = 0,6 m, área de seção transversal A = 8,75.10^{-4} m^2, densidade ρ = 2800 kg/m^3, rigidez flexional EI = 6699,2 Nm^2.

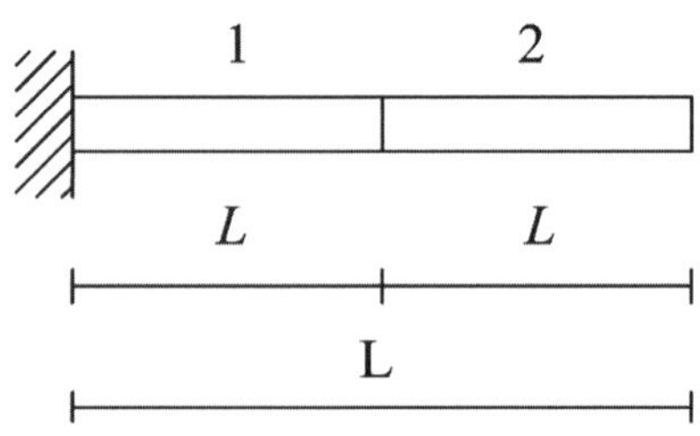

Figura 11.2 – Viga engastada-livre.

Devido ao engastamento, a coordenada de deslocamento transversal nodal q_1 e a de deslocamento angular nodal q_2 serão nulas, e suprimimos a 1ª e a 2ª linha e coluna das matrizes globais. As de massa e rigidez ficam descritas:

$$[M_G] = \frac{\rho AL}{420}\begin{bmatrix} 312 & 0 & 54 & -13L \\ 0 & 8L^2 & 13L & -3L^2 \\ 54 & 13L & 156 & -22L \\ -13L & -3L^2 & -22L & 4L^2 \end{bmatrix}$$

$$[K_G] = \frac{EI}{L^3}\begin{bmatrix} 24 & 0 & -12 & 6L \\ 0 & 8L^2 & -6L & 2L^2 \\ -12 & -6L & 12 & -6L \\ 6L & 2L^2 & -6L & 4L^2 \end{bmatrix}$$

Substituindo-se os valores, escrevemos as matrizes:

$$[M_G] = 3{,}5.10^{-3}\begin{bmatrix} 312 & 0 & 54 & -7{,}8 \\ 0 & 2{,}88 & 7{,}8 & -1{,}08 \\ 54 & 7{,}8 & 156 & -13{,}2 \\ -7{,}8 & -1{,}08 & -13{,}2 & 1{,}44 \end{bmatrix}$$

$$[K_G] = 31014{,}8\begin{bmatrix} 24 & 0 & -12 & 3{,}6 \\ 0 & 2{,}88 & -3{,}6 & 0{,}72 \\ -12 & -3{,}6 & 12 & -3{,}6 \\ 3{,}6 & 0{,}72 & -3{,}6 & 1{,}44 \end{bmatrix}$$

Realizando-se as multiplicações e resolvendo-se o problema de autovalores com a ajuda do *software* livre Scilab, as frequências serão as indicadas na Tabela 11.1.

Tabela 11.1 – Frequências naturais de barra livre-engastada

ωn calculada [rad/s]	ωn exata [rad/s]	Erro $[(\omega n_{calc.} - \omega n_{exat}).100]/\omega n_{exata}$
1ª = 128,9	128,4	0,38%
2ª = 889,2	805	9,47%

Exemplo 11.2

Queremos determinar as frequências naturais de vibração transversal de uma viga de aço bi-apoiada nas extremidades e que apresenta as seguintes características: comprimento L = 1,0 m, densidade ρ = 7.800 kg/m^3, E = 200 GPa, momento de inércia de área I = 2,5.10^{-9} m^4, área da seção transversal A = 3.10^{-4} m^4, considerando-a modelada em 2 elementos finitos, L = 0,5 m.

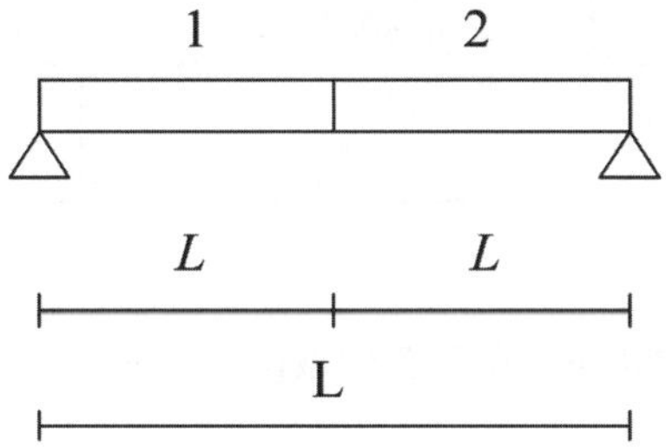

Figura 11.3 – Viga bi-apoiada.

Eliminamos as primeiras linhas e colunas, e as penúltimas linhas e colunas das matrizes globais de massa e rigidez, pois as coordenadas q_1 e q_5, para o caso de adotarmos a modelagem em dois elementos finitos, são as coordenadas de translação nodal nos apoios.

As matrizes globais de massa e rigidez ficam descritas

$$[M_G] = \frac{\rho AL}{420}\begin{bmatrix} 4L^2 & 13L & -3L^2 & 0 \\ 13L & 312 & 0 & -13L \\ -3L^2 & 0 & 8L^2 & -3L^2 \\ 0 & -13L & -3L^2 & 4L^2 \end{bmatrix}$$

$$[K_G] = \frac{EI}{L^3}\begin{bmatrix} 4L^2 & -6L & 2L^2 & 0 \\ -6L & 24 & 0 & 6L \\ -2L^2 & 0 & 8L^2 & 2L^2 \\ 0 & 6L & 2L^2 & 4L^2 \end{bmatrix}$$

Substituindo os valores, escrevemos as matrizes

$$[M_G] = 2{,}7857.10^{-3}\begin{bmatrix} 1 & 6{,}5 & -0{,}75 & 0 \\ 6{,}5 & 312 & 0 & -6{,}5 \\ -0{,}75 & 0 & 2 & -0{,}75 \\ 0 & -6{,}5 & -0{,}75 & 1 \end{bmatrix}$$

$$[K_G] = 4.000\begin{bmatrix} 1 & -3 & 0{,}5 & 0 \\ -3 & 24 & 0 & 3 \\ 0{,}5 & 0 & 2 & 0{,}5 \\ 0 & 3 & 0{,}5 & 1 \end{bmatrix}$$

Realizando-se as multiplicações e resolvendo-se o problema de autovalores, as frequências serão as da Tabela 11.2.

Tabela 11.2 – Frequências naturais viga bi-apoiada

ωn calculada [rad/s]	ωn exata [rad/s]	Erro $[(\omega n_{calc.} - \omega n_{exat}).100]/\omega n_{exata}$
1ª = 144,87	144,27	0,41%
2ª = 640,51	576,78	11,05%

11.3 BARRA EM VIBRAÇÃO AXIAL

Considere uma barra em deslocamento axial. Esse é um sistema de uma dimensão com dois graus de liberdade, devido aos deslocamentos nas extremidades u_1 e u_2, representados pelas coordenadas q_1 e q_2.

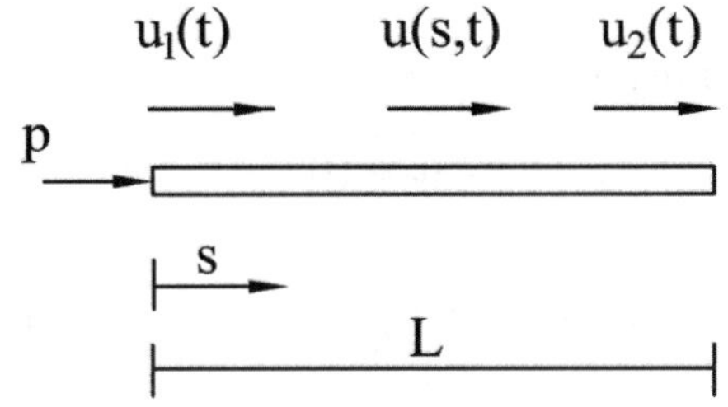

Figura 11.4 – Barra em vibração axial.

A equação diferencial para uma barra prismática com deformação axial é da forma

$$\frac{d}{ds}\left[EA(s)\frac{du}{ds}\right] = -p(s); \frac{d^2u}{ds^2} = -\frac{p(s)}{EA}.$$

Desconsiderando-se a carga externa, $\frac{d^2u}{ds^2} = 0.$ (11.3)

As funções que descrevem os deslocamentos nas extremidades são encontradas integrando duas vezes a Equação (11.3):

$$\psi(s) = C_1 s + C_2 \tag{11.4}$$

As condições de contorno para a grandeza variacional s entre zero e L,

$$u(0,t) = u_1(t); \quad u(L,t) = u_2(t).$$

As funções de forma ψ representam os deslocamentos nas extremidades. Tomando-se os deslocamentos unitários,

$$\psi_1(0) = 1; \ \psi_1(L) = 0$$

$$\psi_2(0) = 0; \ \psi_2(L) = 1$$

Encontramos as constantes C_1 e C_2 da Equação (11.4), que representam as condições de contorno pelas funções ψ.

Na 1ª condição de contorno,

$$\text{para } s = 0, \ \psi_1(0) = C_2 = 1;$$

$$\text{para } s = L, \ \psi_1(L) = 0 = C_1 L + C_2; \ C_1 = -\frac{C_2}{L} = -\frac{1}{L} = -\frac{s}{L}$$

$$\psi_1 = 1 - \frac{s}{L}.$$

Na 2ª condição de contorno,

$$\text{para } s = 0,\ \psi_2(s) = 0 = C_2;$$

$$\text{para } s = L,\ \psi_2(L) = 1 = C_1 L;\ C_1 = \frac{1}{L} = \frac{s}{L};\ \psi_2 = \frac{s}{L},$$

A função de forma ou de interpolação fica disposta

$$[\psi] = [\psi_1\ \psi_2].$$

A expressão de energia cinética para o elemento,

$$T = \frac{1}{2}\int_0^L [\psi_1 \dot{q}_1(t) + \psi_2 \dot{q}_2(t)]^2 ds$$

$$T = \frac{1}{2} m \int_0^L \left[\left(1 - \frac{s}{L}\right)\dot{q}_1(t) + \left(\frac{s}{L}\right)\dot{q}_2(t)\right] ds.$$

A matriz de massa é encontrada fazendo-se

$$m_{11} = m\int_0^L [\psi_1\ \ \psi_1] ds = m\int_0^L \left(1 - \frac{2s}{L} + \frac{s^2}{L^2}\right) ds = \frac{2L^3}{6L^2} = \frac{1}{3} mL$$

$$m_{12} = m_{21} = m\int_0^L [\psi_1\ \ \psi_2] ds = m\int_0^L \left(\frac{s^2}{2L} - \frac{s^3}{2L}\right) ds = \frac{1}{6} mL$$

$$m_{22} = m\int_0^L [\psi_2\ \ \psi_2] ds = m\int_0^L \left(\frac{s^2}{L^2}\right) ds = \frac{L^3}{3L^2} = \frac{1}{3} mL$$

$$[M] = \begin{bmatrix} \dfrac{mL}{3} & \dfrac{mL}{6} \\ \dfrac{mL}{6} & \dfrac{mL}{3} \end{bmatrix} = \frac{\rho A L}{6}\begin{bmatrix} 2 & 1 \\ 1 & 2 \end{bmatrix}$$

E a expressão de energia potencial para o elemento,

$$V = \frac{1}{2}\int_0^L EA\left(\frac{\partial u}{\partial s}\right)^2 ds;\ u(s,t) = \frac{1}{L}(q_2 - q_1)$$

$$V = \frac{1}{2}\int_0^L \frac{EA}{L}(q_2 - q_1)^2\, ds$$

$$V = \frac{1}{2}\frac{EA}{L}(q_2^2 - 2q_2q_1 + q_1^2).$$

O produto notável pode ser posto na forma matricial, e a energia potencial fica escrita

$$V = \frac{1}{2}\frac{EA}{L}[q_1 \ \ q_2]\begin{bmatrix} 1 & -1 \\ -1 & 1 \end{bmatrix}\begin{bmatrix} q_1 \\ q_2 \end{bmatrix}.$$

A matriz de rigidez,

$$[K] = \frac{EA}{L}\begin{bmatrix} 1 & -1 \\ -1 & 1 \end{bmatrix}.$$

Exemplo 11.3

Considere uma barra de comprimento L = 1,5 m, área de seção transversal A = 9.10^{-4} m^2, densidade do material ρ = 1.440 kg/m^3, módulo de elasticidade E = 3,1 GPa, bi-engastada, sob vibração axial. Queremos determinar as frequências naturais de vibração axial, considerando-a modelada em 5 elementos finitos.

$$L = \frac{L}{5} = 0{,}3$$

A matriz global de massa,

$$[M_G] = \frac{\rho AL}{6}\begin{bmatrix} 2 & 1 & 0 & 0 & 0 & 0 \\ 1 & 4 & 1 & 0 & 0 & 0 \\ 0 & 1 & 4 & 1 & 0 & 0 \\ 0 & 0 & 1 & 4 & 1 & 0 \\ 0 & 0 & 0 & 1 & 4 & 1 \\ 0 & 0 & 0 & 0 & 1 & 2 \end{bmatrix}$$

A matriz global de rigidez,

$$[K_G] = \frac{EA}{L}\begin{bmatrix} 1 & -1 & 0 & 0 & 0 & 0 \\ -1 & 2 & -1 & 0 & 0 & 0 \\ 0 & -1 & 2 & -1 & 0 & 0 \\ 0 & 0 & -1 & 2 & -1 & 0 \\ 0 & 0 & 0 & -1 & 2 & -1 \\ 0 & 0 & 0 & 0 & -1 & 1 \end{bmatrix}$$

Devido ao engastamento nas extremidades, suprimimos a 1ª e última linhas, assim como a 1ª e última colunas. As matrizes globais de massa e rigidez do sistema,

$$[M_G] = 0{,}0648 \begin{bmatrix} 4 & 1 & 0 & 0 \\ 1 & 4 & 1 & 0 \\ 0 & 1 & 4 & 1 \\ 0 & 0 & 1 & 4 \end{bmatrix}$$

$$[K_G] = 9{,}3.10^6 \begin{bmatrix} 2 & -1 & 0 & 0 \\ -1 & 2 & -1 & 0 \\ 0 & -1 & 2 & -1 \\ 0 & 0 & -1 & 2 \end{bmatrix}$$

Realizando-se as multiplicações e resolvendo-se o problema de autovalores, as frequências serão as da Tabela 11.3.

Tabela 11.3 – Frequências naturais de barra em vibração axial

ωn calculada [rad/s]	ωn exata [rad/s]	Erro $[(\omega n_{calc.} - \omega n_{exat}).100]/\omega n_{exata}$
1ª = 3123,7	3073	1,65%
2ª = 6553,5	6145	6,65%
3ª = 10540	9217	14,35%

REFERÊNCIAS

ALVES FILHO, A. **Elementos finitos: a base da tecnologia CAE/análise dinâmica.** São Paulo: Érica, 2005.

BALACHANDRAN, B.; MAGRAB, E. B. **Vibrações mecânicas**. São Paulo: Cengage Learning, 2011.

BEER, F. P.; JOHNSTON JR, E. R. **Resistência dos materiais.** São Paulo: Makron Books, 1995.

BURTON. T. D. **Introduction to dynamics systems analysis.** Singapore: McGraw-Hill Co, 1994.

CHURCH, A. H. **Mechanical vibrations.** New York: John Wiley & Sons, 1963.

DEN HARTOG, J. P. **Vibrações nos sistemas mecânicos**. São Paulo: Edgard Blücher, 1972.

DISTEFANO, J. J.; STUBBERUD, A. R.; WILLIAMS, I. J. **Sistemas de retroação e controle**. São Paulo: McGraw-Hill, 1972.

FONSECA, A. **Vibrações.** Rio de Janeiro: Ao Livro Técnico, 1964.

GRILLO, N. L. **Velocidades críticas em rotores simétricos e flexíveis pelo** método de **elementos finitos.** Dissertação (Mestrado) – Faculdade de Engenharia Mecânica, Universidade de São Paulo, São Carlos, 1993.

GROEHS, A. G. **Mecânica vibratória**. São Leopoldo: Ed. Unisinos, 2001.

HIBBELER, R. C. **Mecânica dinâmica**. Rio de Janeiro: Editora Campus, 1986.

HUTTON, D. V. **Applied mechanical vibrations.** New York: McGraw-Hill, 1981.

KELLY, S. G. **Fundamentals of mechanical vibrations**. Boston: McGraw-Hill, 2000.

MAYA, P. A.; LEONARDI, F. **Controle essencial.** São Paulo: Pearson Prentice Hall, 2011.

MEIROVITCH, L. **Elements of vibration analysis.** Tokyo: McGraw-Hill, 1982.

OGATA, K. **Engenharia de controle moderno**. São Paulo: Pearson Prentice Hall, 2010.

RAO, S. **Vibrações mecânicas.** São Paulo: Pearson Prentice Hall, 2008.

RIPPER NETO, A. P. **Vibrações mecânicas.** Rio de Janeiro: E-papers, 2007.

SETO, W. W. **Vibrações mecânicas.** Rio de Janeiro: McGraw-Hill, 1977.

SHABANA, A. A. **Theory of vibration: an introduction.** Berlin: Springer-Verlag, 1995.

SOTELO JR., J.; FRANÇA, L. N. F. **Introdução às vibrações mecânicas**. São Paulo: Edgard Blücher, 2006.

SPIEGEL, M. R. **Manual de** fórmulas e **tabelas matemáticas.** São Paulo: McGraw-Hill, 1973.

THOMSON, W. T. **Teoria da vibração com aplicações.** Rio de Janeiro: Interciência, 1978.

TIMOSHENKO, S.; YOUNG, D. H.; WEAVER JR., W. **Vibration problems in engineering.** New York: Wiley & Sons, 1990.

ÍNDICE REMISSIVO

GRÁFICA PAYM
Tel. [11] 4392-3344
paym@graficapaym.com.br